《亚洲咖啡西点》系列之

烘焙盛宴

世界名厨的甜点·下午茶

主编 王森

青岛出版社
QINGDAO PUBLISHING HOUSE

CAFÉ
亚洲咖啡西点

ÂTEAUX

图书在版编目（CIP）数据

烘焙盛宴．世界名厨的甜点·下午茶 / 王森主编．-- 青岛：青岛出版社，2017.10

ISBN 978-7-5552-6228-2

Ⅰ．①烘… Ⅱ．①王… Ⅲ．①烘焙 - 糕点加工 Ⅳ．① TS213.2

中国版本图书馆 CIP 数据核字 (2017) 第 249396 号

书　　名　烘焙盛宴 世界名厨的甜点·下午茶
编　　者　《亚洲咖啡西点》编辑部
出版发行　青岛出版社
社　　址　青岛市海尔路 182 号（266061）
本社网址　http://www.qdpub.com
邮购电话　13335059110　0532-68068026
策划编辑　周鸿媛
责任编辑　纪承志
装帧设计　施方丽
印　　刷　青岛海蓝印刷有限责任公司
出版日期　2017 年 10 月第 1 版　2017 年 10 月第 1 次印刷
开　　本　16 开（890 毫米 ×1240 毫米）
印　　张　14
印　　数　1-4000
书　　号　ISBN 978-7-5552-6228-2
定　　价　49.80 元

编校印装质量、盗版监督服务电话：4006532017　0532-68068638

序 _ 甜蜜盛宴

下午茶是介于午餐与晚餐之间的一种餐饮方式，起源于欧洲，绵延至今。随着时代的发展，下午茶开始在中国流行起来，逐渐成为现代人的一种休闲习惯。本期杂志将以下午茶为主题，
为大家带来甜蜜的下午茶盛宴，了解甜品行业的奇思妙想。

“世界名厨之魅”专注对国内外甜品大师进行采访，近距离接触心目中的大师，展开一场与西点巅峰思想的对话。通过大师个人对甜品及烘焙行业趋势的理解为大家指引烘焙学习的方向。同时，*Café & Gâteaux* 将带您走进国内外特色烘焙店，介绍店铺的经营管理理念和特色西点制作工艺等，为想创业的读者提供参考方向。

“甜品研修课”对烘焙原料进行详细解读，配有相关产品的制作过程，让读者更好地掌握这一原料的运用。“甜品大师私藏配方大公开”推出国内外甜品大师倾注心血的最新力作，跟随大师的配方，相信读者们都可以熟练掌握西点技艺。

“一生只爱巧克力”对话世界巧克力大师，向读者解读巧克力的鉴赏、工艺理论及产品基础制作过程。掌握了基础巧克力工艺后，不妨学习顶级巧克力甜品的制作，通过原料和搭配的调整，就能创造出别样的口感。

Café & Gâteaux 自创刊以来一直在寻找适合中国乃至亚洲的西点艺术的传达方式：它不是故弄玄虚高深莫测的艺术创意，也不是表面华丽实则苍白的浮夸造型，而是真正能够让我们心灵产生高度共鸣的那份对于甜点及美食的热爱。

——《Café & Gâteaux》

2017 年 6 月

总编：王森

西式糕点技术研发者，立志让更多的人们学会西点这项手艺。作为中国第一家专业西点学校的创办人，他将西点技术最大化地运用到了市场。他把电影《查理与巧克力梦工厂》的场景用巧克力真实地表现，他可以用面包做出巴黎埃菲尔铁塔，他可以用糖果再现影视剧中的主角的形象，他开创了世界上首个面包音乐剧场，他是中国首个西点、糖果时装发布会的设计者。他让西点不仅停留在吃的层面，而且还提升到了欣赏及收藏的更高层次。

他已从事西点技术研发 20 年，教育培养了数万名学员，学员来自亚洲各地。自 2000 年创立王森西点学校以来，他和他的团队致力于传播西点技术，帮助更多人认识，寻找制作西点的乐趣，从而获得幸福。

张婷
执行主编
王森国际咖啡西点西餐学校高级技师、*Café & Gâteaux* 杂志编辑、
省残联考评员、多家烘焙杂志社特约撰稿人，
参与出版发行了专业书籍 230 余本。

编者语

EDITOR'S NOTE

17 世纪时，下午茶在英国开始流行起来，随着时代的发展，这种简便的饮食方式很快就成了打发下午时光的一种绝佳方式。

英国以严谨的礼仪著称，下午茶的发展也受此影响，逐渐产生了下午茶会的礼节要求与习惯，最正统的英式下午茶会需穿着正式的服装参加，甚至有指定的专用饮茶品种及标准器具。经典的英式下午茶由点心和茶组成，有丰富的茶点和小食，可以在午后补充能量，同时，优雅的氛围可以让大家感受到心灵的祥和与家庭式的温暖。

下午茶在英国发展繁荣兴盛，随着各地餐饮文化的融合，渐渐在世界各地发展起来。中国作为拥有悠久饮茶文化的国家，也为下午茶的发展提供了优质的条件，而到如今，这一惬意的饮食方式已逐渐被现代年轻人喜爱和接受。

现在大家原来越注重生活的质量和情趣，在悠然的午后，约上至亲与好友，共同享用下午茶已经成为大家生活日常。与传统英式下午茶不同的是，现在的下午茶主要以休闲放松为主，不拘泥于茶点的种类，甚至越来越多的人愿意尝试自己动手制作甜品，因此我们为大家展示了很多精致甜品的配方，可以一起享受由烘焙带来的乐趣。

《亚洲咖啡西点》系列之

世界名厨的甜点·下午茶

第一篇 甜点，甜遍全世界

一、世界名厨之魅

二、甜品研修课

三、甜品大师私藏配方大公开

四、法国十大甜点

第二篇 一生只爱巧克力

一、巧克力大师之魅

二、巧克力研修课

三、顶级巧克力甜品配方大公开

第三篇 浪漫下午茶

一、百乐餐

1682

DESSERT, SWEETEN ALL OVER THE WORLD 甜点，甜遍全世界

世界名厨之魅
THE CHARM OF MASTER CHEF

DALOYAU

对于盘式甜品的外形设计而言，通常灵感的取材非常重要。

设计创意主厨：甜点带你去旅行
DESSERT TAKES YOU ON A TRIP

翻译 || 陈玲华　摄影 || 王珠惠子

Jeremy Del Val

2014 年法国甜点冠军，Dalloyau 甜点设计创意主厨。

Chef 简介：

身为著名的甜品店 Dalloyau 的甜点设计主厨，在 2014 年获得法国甜点冠军荣誉，Jeremy Del Val 一直都立志在餐饮业发展。

小时候受到他祖母的影响，他开始进行厨艺的进修，之后开始进修甜点。

他酷爱旅游和美食，会在世界各地享有盛名的地方见到一些新奇产品，这些都对他的甜点设计创作产生了深刻的影响，例如在一些五星级酒店、西班牙马略娜岛最美的海冰私人俱乐部或者是在 Val Thorens 这样的著名餐厅里，波利尼西亚皇宫、大溪地、摩纳哥以及蓝色海岸的一些米其林餐厅。

培训 & 工作经验：

- **2004 年**　获得餐饮与酒店管理职业资格证书；
- **2005 年**　获得甜点冰淇淋巧克力从业资格证书；
- **同年**　开始在 Château de Montvillargenne 酒店工作；
- **2009 年**　开始在蓝色海岸的 Le mas de pierre 餐厅担任主厨；
- **2012 年**　获得法国甜点冠军赛的铜奖；
- **2014 年**　获得法国甜点冠军；
- **2015 年**　担任著名甜品店 Dalloyau 的甜点创意设计主厨；
- **同年**　发行个人甜点书籍 *Les babas*。

Q：这是您第一次来中国授课吗？

A：是的，不仅是第一次来中国，也是第一次来亚洲授课。

Q：老师第一次来授课，对于王森学校有什么印象？

A：第一次来，对你们的学校了解还不多。但我个人一直非常喜欢去不同的地方进行技术交流，包括这次来中国讲习法式甜品的知识，我感到非常荣幸。

Q：请问老师可以从哪些方面来评价一款产品的配方是否成功？

A：首先是配方的口味，其次我对配方的结构也比较看重，一款法式甜品的配方通常需要很强的层次感，这要靠他的合理配方结构来体现，比如制作一款婚礼甜品，要平衡它的口感，就要考虑除了慕斯以外其他的成分比例。

Q：节日主题的甜品设计，比如圣诞节之类的，老师一般会从哪里着手或者梳理甜品设计思路？

A：可能有许多东西都可以给我灵感来源，比如建筑、比如流行时尚、季节，再比如像是日常生活中的一些经历，也需留心观察，还有据此确定主题糕点的形状是长条形或是球状等，总之生活中我们可以有许多的灵感来帮助设计主题甜品。

Q:老师您在设计或研发新款甜品的时候，有没有什么比较偏爱的材料，或者说水果？

A: 是的，比如我个人在甜品设计中，对水果的使用远多于巧克力类材料的使用；其次我喜欢“甜品旅行”的感觉，这是我自己的定义，意思是我非常喜欢用法国以外、大家不太熟悉的食材或香料来制作甜品，这给人一种异域旅行的感觉。

Q:通常来说，一款甜点会包含好几个层次，每个层次都有不同的口感，如何让不同的口感保持独有的味道而不会混合到一起？

A: 首先要对每一种原材料的口感都非常熟悉，这样你才会知道在自己制作的甜品中，有什么原料的口感得以体现，有什么原料的口感被淹没。要体现食材原汁原味的口感，就必须积累足够多的制作经验来进行把握。

Q:老师在 Dalloyau（达洛优）店面工作了这么久？觉得达洛优的甜品设计风格如何，相对其他品牌比如拉杜丽等在店面运营方面有什么独特优势？

A: 是的，达洛优是一家历史悠久的甜品老店，有着自己的特色，比如达洛优“歌剧院蛋糕”这款经典法式甜品的发源品牌，1955 年至今，许多来达洛优购买甜品的人依然是冲着全世界最经典的“歌剧院蛋糕”来的。除此以外，达洛优的甜品路线一直在两个方面前进，一个是保留经典的法式甜品，另一方面就是研发与时俱进的时尚新品。

达洛优的特色是非常重视季节与大事记营销，比如我们会在不同的季节推出新的甜品，另外像是一些比较有意义的节日：父亲节、母亲节还有复活节、情人节等。所有的重大节日我们都会推出主题甜品。

Q:老师在一些采访中曾经说道，自己很喜欢旅行，而且甜品设计经常会受到一些名胜的新奇产品的影响，可以给我们举些例子吗？

A: 是的，我非常喜欢去全世界各地旅行，在旅行过程中积极地尝试不同种类的当地美食或原料，举个例子，我非常喜欢用来自热带的火龙果进行产品创作。在中国，火龙果这种原料的采购非常方便，而且食材也非常新鲜。

关于甜点 Chef Jeremy 想说："我认为甜点最重要的是口味和层次，当然外观很重要，但是口味是重中之重。当我在设计时，我要在原来的口味中加入一些创新的异域元素，这时口味的搭配就尤其重要。"

Q: 通过对中国学生的课堂观察，是否有些什么建议给到这些中国甜品师?

A: 我觉得课堂上的学生水平参差不齐，有些基础很扎实，而有些人学得比较慢。我想对于学习甜品尤其是法式甜品来说，这就像造房子一样，房子的地基一定要非常稳固，这样房子才能造得非常扎实。学习甜品也是一样，基础的理论和实践一定要掌握得非常夯实才行。

Q: 对中国的甜品行业有什么了解? 或者对法国以外的甜品有什么了解?

A: 我对中国的甜品行业还不太了解。但是我可以说说甜品在其他国家的发展，我的祖国以法式甜品而闻名，然后其实在全世界范围内，最为流行的都是那些法国的经典款甜品，而新颖的法式甜品在其他国家的传播速度并不快。

但是这种情况在欧洲又有些许不同，比如在意大利以及西班牙，这两个国家对于甜品文化有着自己的深刻解读，因此他们两国既可以很好地吸收法式甜品的长处，又可以凭借自己国家深厚的餐饮传统，发展出本国特色浓郁的甜品风格。

Q: 在老师看来，饼店和酒店以及餐厅的甜品之间的异同点是什么?

A: 这个问题我深有同感，其实我要强调的是这几个场所都属于甜品行业，但他们属于互不相同的分支。这几个地方的甜品要用不同的视角来解读。

首先是餐厅的甜品，对甜品师来说，它的即时性更强，餐厅里的甜品通常不能做太复杂的结构或者层次，因为顾客点完单你就要马上开始做甜品，因此考虑到时间的局促性，甜品师通常要把东西做得既迅速又刺激味觉。

当然这是相比较饼店的甜品而言的，饼店的甜品通常可以做得层次感更复杂一些。因为饼店的甜品会被顾客买回家慢慢享用，所以对于饼店的甜品来说，设计需要更加用心一些。

所以即使是同样的甜品，同样的配方，我们在餐厅和饼店不同场合制作的时候，方法也是完全不一样的。

Q: 老师您在这两个领域（餐厅和饼店）都工作过，有些什么样的体会吗?

A: 是的，我在两者都工作过，首先是达洛优，我在那里工作了很多个年头，这是一家老牌的法国连锁饼店，而我在去达洛优工作以前，我也曾在餐厅和酒店里有过不少的甜品制作经验，酒店里的下午茶是享用甜品的最佳时刻之一，我觉得酒店茶歇的甜品与饼店的甜品制作有许多共通之处。

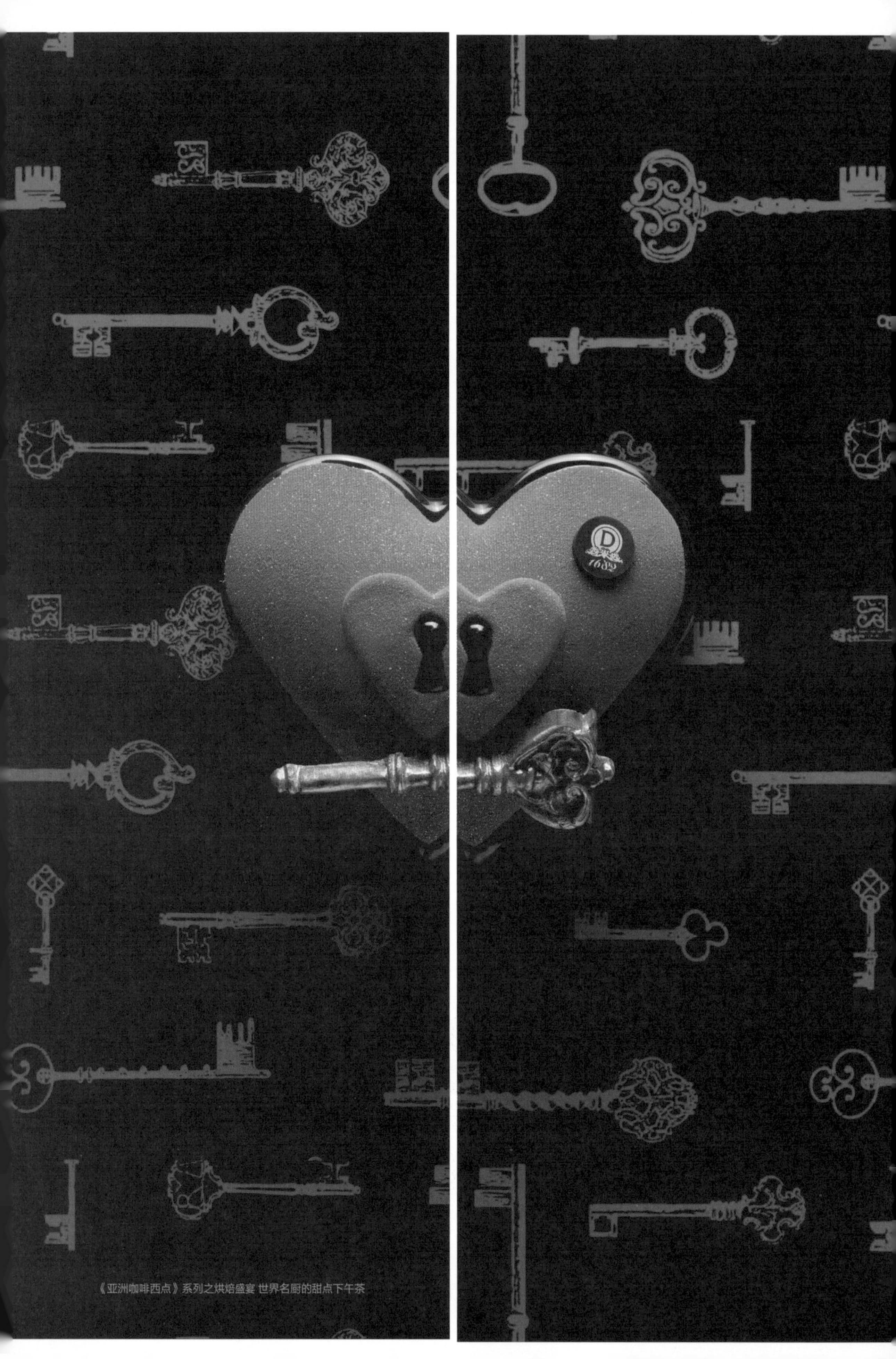
1682

Q: 可否给我们介绍一些您工作的老牌名店达洛优的产品线特色，或者产品营销方式？

A: 在达洛优，一年的重要营销时令分为三个：夏季、冬季以及重大的节日季。

重大的节日季糕点比如：圣诞节的传统糕点——木柴蛋糕；主显节的传统糕点——国王饼；还有一些专为节日设计的特别款甜品。而除了以上这三个时令营销以外，还有一些重要的节庆活动我们也会推出新品：比如母亲节、父亲节、情人节。为这些节日所做的新品研发，非常考验甜品师的功底。而且正如我前面所说，达洛优的经典代表作是歌剧院蛋糕，而除了传承经典以外，我们还要努力告诉世人：现代感十足的甜品我们也可以做得很好！

Q: 老师您在盘式甜品设计方面很有造诣，是否可以谈谈您的心得？

A: 首先说到盘式甜品的设计，我之前在法国参加过一个盘式甜品的设计大赛，已经是五年前了，其实我觉得自己的盘式甜品设计风格就是在大赛中历练出来的。所以最近我再一次开始准备参加这个比赛，准备赢下它。

事实上，我觉得在盘式设计中，你必须同时考虑甜品的结构层次、食材制作以及装盘的温度（因为这个会影响摆盘的效果）、当然还有甜品的口感，比如温度的把控对松脆度的影响，还有慕斯的运用，对于口感的平衡性掌控都非常重要。我个人比较擅长的是温度控制、结构层次的把握。第二点，对于盘式甜品的外形设计而言，通常灵感的取材非常重要。

我的盘式甜品设计灵感第一来源于自然界、流行时尚或者一些有趣的展会。第二个重要来源就是来自同行业间的交流，我有许多的甜品师朋友，我们经常会在一起互相探讨甜品的手法或者新品的设计，大到法国的甜品行业发展，小到一款新品的研发灵感和心得、以及甜品手法、外形，都是我们的讨论范围。因为世界范围内能跟法式甜品竞争的国家非常有限，所以我们法国业内的甜品师交流就显得及其重要，也许某次不经意的谈话就会让你有新的灵感来源。第三个重要来源就是我的旅行，我喜欢到处游走，尝试发现新的有意思的原料。

Q: 最后您有什么好的甜品书可以推荐给我们吗？

A: 在法国，我最崇拜的甜品师有两位：其一是 Pierre Hermé 先生，他是一位非常伟大的甜品师，他的著作 *PH15* 我很喜欢。还有一位伟大的甜品师 Philippe Conticini 先生所编写的 *sensations*，这本书里面他讲了许多关于甜品的结构层次，还分析了不同原料体现出的口感层次。这本书也让我受益匪浅。

LLORCA Jean-Michel

用教育传播知识，让甜点更甜一点！

SPREAD KNOWLEDGE WITH EDUCATION, MAKE DESSERTS SWEETER

Translator || 亚洲咖啡西点　　Photographer || 王珠惠子

LLORCA Jean-Michel

【名师荣誉】

被评为普罗旺斯地中海地区 2009 年度最优秀甜点主厨；

被《主厨》（*Le chef*）杂志评为 2010 年度 10 大最优秀甜点师。

【主要工作经历】

2010-2012 年，

Hôtel Belles Rives 酒店 / Hotel Juana 酒店，任行政主厨；

2004-2010 年，

Moulin de Mougins**（米其林二星），创立名为 Les Gourmandises du Moulin 的甜点店；

1997-2004 年，

Negresco**（米其林二星），任甜点主厨，管理 9 位甜点师；

1997 年，

Réserve de Beaulieu**（米其林二星），负责餐厅、泳池以及私人海滩的甜点饮食供应；

1997 年， Restaurant des Peintres**（米其林二星），任甜点主厨；

1995 年， Hotel Juana**（米其林二星），任甜点副主厨；

1994 年， Domaine Valrugues，任甜点主厨；

1992-1994 年， Louis XV***（米其林三星）(Monaco)，任甜点厨房领班；

参与《Alain DUCASSE》集团，

Création de la Boulangerie-Viennoiseries 书籍的撰写。

扫码立即观看

LLORCA Jean-Michel

独家采访视频

Q: 您为什么进入这行，是什么原因成就了你目前的成绩？

A: 我小的时候就很喜欢在家自己做甜点，而且我家刚好住在一间面包甜品店旁边，放学时路过面包店，总是能闻到甜点、面包、刚出炉点心的香味，这让我总想知道，面包店后厨到底发生了什么。从那以后，我便一直希望做甜点，也由此成为了一名甜点师。

可能是对成功充满向往，所以能持续进步并带来了职业上的成就。我一直不将做甜点视为一种职业，而更多的是作为一种兴趣，能够将兴趣作为职业是一件幸运的事，可能正是因为这样，我才比其他一些人更加成功一些。

Q: 您刚进入行时和现在的法国糕点行业相比较，当前法国从业甜品师是否面临更大的竞争压力？

A: 我倒没这么觉得。我觉得唯一可能有的竞争压力，是源于甜点师们希望最大程度地创新，因为社交网络、拍摄装置发展得相当迅速，人们很容易就能将甜点分出等级，这让我们总是想尝试创新，制作一些不一样的东西，创新复活节甜点、树桩蛋糕等，以及常见的一些甜品创新，如巧克力件等。这些都让我们有竞争意识，尝试不断进步，不断变化，这是主要的。相较于其他行业的竞争，总的来说也不恶劣，是良性的。

Q: 您觉得亚洲（如日本、中国）与法国甜点制作在工艺上存在哪些差异？

A: 最大的问题，就是我在中国待的这段期间所看到的，所感受到的，其实不仅仅是中国，还有其他一些国家，并不像法国一样有甜品文化，法国的餐食最后总是以甜食结尾，而我不觉得在中国有类似的习俗。但不管怎么样，我所见的我课上的学生，技术方面还是很棒的，但也仍存在进步空间。

Q: 在您所制作和设计的甜点作品中，哪些因素你认为重要？当在制作和研发产品的过程中出现形状或者食材上的困难，你会如何处理？

A: 我认为最重要的是优质的原材料。优质的原材料已经占据了配方的重要部分，这些材料本身就具有好味道。使用好产品制作甜点，是一个好配方的重要部分，当然，理论的运用和技术的操作都决定了能否更好地将食材转化为产品。

如果我真的有太多的困难，哈哈，那我就放弃了。我们总是能向可能有更好的配方或理论的甜品师寻求建议，之后我总能找到一个更好的解决办法，不管它是什么。我总是这样对待我在制作甜品时遇到的问题，这也是能让我进步的方式，不断尝试找到更好的解决办法和形式。

Q: 您是如何考虑产品定位问题的？（适合人群、年龄、口感等方面）

A: 没有特别的定位。大多数时候，我主要是根据我们所处的季节制作甜品。现在给孩子的和给大叔们制作的甜点是一样的，稍微甜一点，色彩多一点。而给老年人的，更多是一些经典的甜品，像圣托诺雷、巴黎布雷斯特、闪电泡芙，尝试着变换一下形式和口味。

Q: 老师认为什么是甜点的风格？什么是甜点师的风格？

A: 我认为甜点的风格主要靠模具。我属于既熟知老一辈甜点师，又了解新生代甜点师的一辈，比如新式模具、矽利康模具、新式技艺。有幸生于这一代，我尝试着在传统的基础上进行创新。而比我更年轻的一代甜品师，他们给甜品界注入了新鲜血液。

Q: 您如何从不同的文化里汲取灵感，将它们糅合在一起，设计到甜点中？

A: 我有一些为我寻找新口味的专员，我负责尝试将它们运用到甜品中，当然，前提是这口味我感兴趣。我非常喜欢用日本柚子、卡曼橘等食材。我尝试用这些新品种制作甜点，让它们被大众知晓。

Q: 您未来工作方向是什么？是否考虑将技能知识传给后辈以便于未来企业的管理？

A: 我一直都在尝试教育，传播我的工作方式，不管怎么说，在甜点界留下足迹是很重要的。我自己希望被传播知识，也总是在传播知识给别人，也就是说，总是公开我的配方，让学生进步。这是我想做的，是我甜品店的主旋律。

Q: 请问您对店面营运管理有何独特的心得体会，以后会考虑来中国开饼店吗？

A: 是的，我有运营管理店面的经验。是否来中国开店，来啊，为什么不呢？这个计划可以实施。我对这件事有极大的兴趣。

Q: 那能不能跟我们说一下您的店面运营管理经验呢？

A: 啊，管理，我们需要更加本地化一些，尝试让所有人都蠢蠢欲动，展示一些制作的范例，展示我们所能做的，产品持续寻求创新，当然还要注意店面的管理，也就是说不要藏起使用的原材料，不要浪费，这对店铺的成功很重要。如果产品卖得快，上新也要快，并且保证能够在最新鲜的时候卖出去。

DGF
INTERNATIONAL CULINARY SCHOOL
DGF
INTERNATIONAL CULINARY SCHOOL
DGF
Bruno

用心设计爱的甜点

甜点大师谈：一个法国甜点师的职业发展

CAREER DEVELOPMENT FOR A FRENCH PASTRY CHEF

翻译 || 亚洲咖啡西点　　摄影 || 刘力畅

BRUNO PASTORELLI

【教育背景】

在香槟小镇埃佩尔奈的家族企业接受厨师培训；在大穆尔默隆的肯普夫企业接受糕点师培训。

【比赛经历】

1983年，入围伊夫林省圣康坦市的法国甜点冠军赛；
1984年，参加法国烘焙展巧克力国际大奖赛；
1987年，参加法国烘焙展糕点糖果法国杯；
1988年，圣米歇尔120周年比赛金牌得主；
1989年，法国最优秀的手工业者之一淘汰赛；
1989年，“法国最优秀的手工业者”荣誉称号及国家工作展览会金牌得主。

Q：老师您是如何走上甜品师的道路的？

A：我的培训经历说起来可能有些复杂，我的父母曾经经营过一家餐馆，我的父亲是这家餐厅的厨师长，我刚开始接触餐饮学习的时候，我学的其实是西餐。然后忽然有一天，我开始调整方向，不再学习西餐，转而学习甜品，因为我发现我对甜品的兴趣已经逐渐超过了西餐。我是从 15 岁开始从事甜品行业的工作的。不过如今，我有时候在家里还是会做点法式料理的。

Q：您对中国学生的课堂印象如何？与法国学生有何不同？

A：两者的表现是完全不同的，中国的学生学习的目的性非常强，来上我培训课的都是对法式甜品学习特别感兴趣的人。中国学生学习法式甜品更多的是因为法式甜品文化在中国现在大行其道，是一种非常时尚的甜品类别。法式甜品在世界颇具名望，非常受欢迎，走遍世界可以找到许许多多的法式甜品店，所以来学习我的课程，他们会更近距离地接触这一甜品文化。与之对应的是他们的课堂表现，他们在课堂上学习非常专注，而且会有意识地提各种问题，拥有强烈的求知欲望，我感到很欣慰。

而法国学生则完全不同，法国学生更多是出于对职业考虑：我要成为一名专修法式甜品的甜点师，所以我必须努力学习这一类的课程。

CAREER DEVELOPMENT
FOR A FRENCH PASTRY CHEF

Q: 通常来说，一款甜点会包含好几个层次，每个层次都有不同的口感，如何让不同的口感保持独有的味道而不会混合到一起？

A: 甜品是一个非常讲求技术功底的行业，传统的法国甜品师必须对不同口味的搭配非常有一套，还要对不同类型的结构非常了解。对于中国的甜品师来说可能这些还比较困难，需要一定的甜品文化传统的沉淀，来形成这样的文化土壤，可能需要几十年甚至更久的时间，所以从现在的阶段来看，要求中国的年轻甜品师自己轻松掌握甜品口感的层次技巧可能还比较困难。

Q: 在甜品的原料搭配方面，您有什么心得？

A: 要做美味的甜品，首先重要的就是优质的原料，比如需要优质的巧克力、优质的奶油、优质的黄油、优质的面粉，所以最重要的首先是优质的选料。如果我们使用比较一般的原料，或者档次太差的东西，那么即使你再努力，得到的成品也不会很好。当然每个甜品师都有自己偏爱使用的材料，比如巧克力，我个人很喜欢用香草，我非常喜欢使用香草和青柠檬的组合，我也喜欢栗子、咖啡等香味。这些是我的个人偏好。另外，在搭配原料口味的时候，还要考虑到顾客的需求，如果我们做出了太过非主流口感的甜品，顾客肯定不会喜欢，所以我们选用的材料，必须是顾客一贯比较喜欢的口感，比如顾客历来喜欢的香草、巧克力、咖啡。如果我们太过于追求研发一些复杂的口感，反而不会讨喜。当顾客去餐厅用餐的时候，他们可能会愿意尝试一些口味与众不同的甜品，但是在甜品店里，情况就不同了。

举个例子，普通的家庭去甜品店买一个生日用的糕点，他考虑到到场的众多宾客，比如他要选购一个七八人份的蛋糕，这种时候他肯定是偏向于选择一种口感比较经典的糕点，而不会冒险选择一个从没尝试过口感的蛋糕。一般这种生日蛋糕肯定还是像覆盆子、百香果、咖啡、巧克力之类比较受欢迎的口味。因为这些都是经典口味，甜品店的客人不会感到陌生或者反感。

Q: 老师这次来上课，教给学生的甜品研发思路是什么？

A: 我在上课的时候着重跟学生强调了，我在研发一款甜品之前，首先会在脑子里想象一下它的味道，我想要呈现的配方结构，接着我会找一张纸，写下我的甜品配方，然后我开始做试验，直到我觉得做出了自己想要的东西才算结束。

甜品师创作一个甜点的过程，就好像一个音乐家作一首曲子，首先一个音乐家会有一些旋律在脑中萦绕，接着他会用纸写下自己想象的旋律，然后用他的吉他、钢琴等演奏乐器来试着演奏自己尝试的旋律，在这个过程中不断地进行修改。甜品师也是一样的，我们设想一款甜品配方，我们把它写下来，我们再试验，我们一点一点尝试口味，如果觉得不好，我们再加点香草、加点巧克力；直到我们寻找到自己想要的口感。

Q: 对您来说，您觉得餐厅盘式点心和甜品店的甜品有什么不一样？

A: 这两者是完全不同的，因为在甜品店里，甜品师拥有更长的准备和制作时间，而且甜品可能会在柜台里面摆放1~2天，我们对于口感的保存非常谨慎。但是餐厅里的盘式点心就完全不一样的，甜品师必须在餐厅里用少量的时间做出美味的甜品，餐厅的甜品可以追求一些特别的口感，比如一些不同食材搭配的口感可以非常个性化，因为一般来餐厅就餐的客人会对新甜品异常感兴趣。

而甜品店里的甜品，每天做的甜品清单都差不多，基本每3~6个月，也就是1~2个季度才换一批产品。产品换得不会太频繁，所以会有不少的忠实粉丝衷情于经典款的产品。

Q: 通常盘式点心是西餐厅里的享用的最后一道正菜，所以顾客对于甜品的期待会跟其他菜不一样吗？

A: 是的，在一家餐厅里，是需要一个优秀的甜品师来镇店的。因为甜品通常是餐厅里的最后一道正菜。通常对于一名顾客来说，如果他吃完了所有主菜以后，发现最后一道甜品并不好吃，那么之前对主菜的所有好印象都会消失殆尽。如果主菜好吃，甜品也好吃，那么这顿饭对于顾客来说就非常完美了。所以餐厅的经营之道在于：重视主菜，同时也重视甜品，这样就会有很多回头客了。

目前，在中国的餐饮文化里面， 你们还比较缺乏餐厅甜品文化的概念，餐厅里的甜品总是一些水果、奶酪或者酸奶之类的。这点跟法国非常不同，法国的任何餐馆里，都有非常正式的甜品。

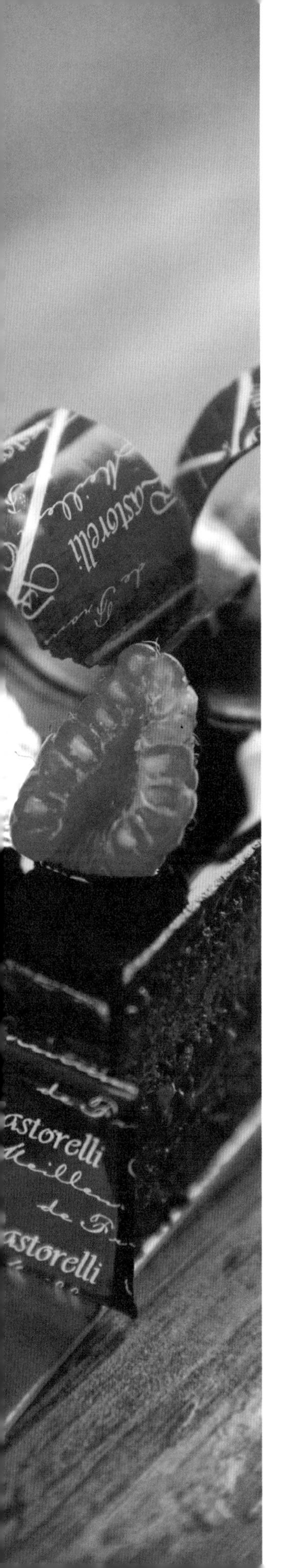

Q:MOF 大赛相当于法国手工业的最高荣誉，您作为一位权威人士一定更有发言权，请问这项大赛与其他比赛例如里昂的世界甜品杯的意义有什么不同?

A: MOF 大赛（法国最佳手工业大奖赛）是一场难度非常大的比赛，首先这个比赛是四年一届，由法国政府组织，而且获胜者可以取得国家级荣誉文凭，是受到国家认证的一项荣誉。

在法国，MOF 比赛不单单是餐饮界的荣誉，在总共 225 个手工业中都有 MOF 比赛，比如插花、园艺、眼镜行业，但是不管在哪个行业，MOF 比赛都是一个非常严谨、难度系数很大的比赛。这项赛事是从 1921 年开始举办的，目的是重振法国的手工业。而这项比赛之所以需要每四年举行一次，是因为在各行各业需要一个漫长的候选人选拔期，而最终决赛的获胜者会由总统来颁发这个奖项，亲自给每个人挂上 MOF 奖牌。

Q:为什么法国 MOF 委员会规定凡是获得法国 MOF 奖的人，不能再参加法国里昂甜点世界杯之类的欧洲国际大赛?

A: MOF 委员会确实对获得 MOF 头衔的人有这一规定。原因是这样的：MOF 头衔是法国国内手工行业的最高荣誉，而里昂甜点世界杯则是在法国举行的一项国家烘焙类赛事，MOF 委员会之所以对 MOF 头衔的获得者有这样的要求，是因为 MOF 大赛本身的含金量非常之高，超过一般的国际大赛。所以希望 MOF 头衔获得者可以把参加国际大赛的机会更多地留给年轻人。如果不这样规定的话，也许在法国举行的一般的国际大赛，会被大量的 MOF 冠军垄断奖项。

但是反过来说，如果 MOF 获得者去意大利、美国参加当地举办的一些国际大赛，那倒是不受这些规定的制约的。

Q:可以给我们《亚洲西点》的读者一些寄语吗?

A: 可以，我希望给年轻的甜品师、面包师一些建议：首先烘焙行业是个非常有前途的职业。就拿我想从事的甜品业来说，在法国，甜品师是一个非常受人尊敬的职业，因为一些著名的甜品大师非常受到媒体、商业品牌的青睐，这个行业有着非常光辉的前景。我曾经多次经历过像甜品世界杯和 MOF 比赛之类的赛事，我感觉这个领域还在不断升温。但是这个行业总的来说还是很辛苦的，对工作要求质量很高，工作时间也很长，同时也要有较好的职业操守，周末休息日非常少。

但是对年轻人来说，从事这个行业就意味着需要不断地学习充电，可能直到 25 岁之前都是一个长期积累的过程，然后才有机会慢慢成为主厨；当你努力成为一名主厨之后，你的职业生涯就会开启新的征程。学习是一切的根基，当然当你成为主厨以后，你还是会有大量的工作，然后慢慢地被人所熟知。当然，我知道在中国，一名烘焙大师可能还是不具有类似法国那样等同的社会地位。在法国，诸如 Gaston Lenôtre 以及 Pierre Hermé 之类的甜品大师在全国几乎无人不知、无人不晓，他们在法国非常受人尊重，因为法国人对这类大师的事迹、工作、产品都很了解。中国还处于这样一个社会文化积累的过程，在亚洲国家里面，日本的烘焙已经群星璀璨，就是这样一个循序渐进的结果。而且我觉得一个努力工作并取得名望的甜品师，他的社会报酬也不会低于预期，足以获得与自己名望相匹配的收入。

建立于 1802 年，拥有三百多年历史的巴黎甜点名店——达洛优，其糕点师皆为历任法国王室的御用厨师。
坐落于圣奥诺雷郊区街的这间老店，附近不仅环绕着众多华美的精品店，在不远处还坐落着法国总统的官邸——爱丽舍宫。
达洛优甜品店中最令人印象深刻的就是那些精美的甜点造型。特别推荐歌剧蛋糕和圣奥诺雷蛋糕。

巴黎甜味 巴黎达洛优甜品店 DALLOYAU

翻译 || 亚洲咖啡西点

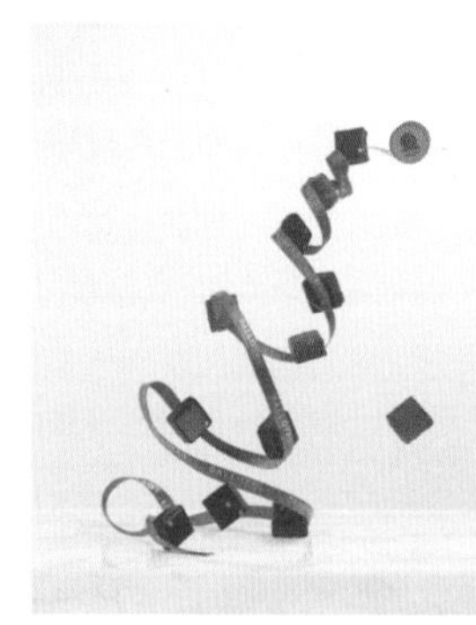

品牌介绍

达洛优是一家著名的法国老牌甜品店，它起源于 1682 年，凡尔赛宫廷的甜品御厨房，而达洛优的甜点师、烹饪师们今天依然从事着两个领域的业务：甜品连锁店以及下午茶沙龙。尤其是达洛优的外带甜品以及接待餐会和餐饮活动至今仍然非常有名。这个公司还于 2001 年加入了法国 Colbert 协会（法国的一个著名商业品牌联合会），这个协会包含的 81 家法国公司，其成员都是在生活和艺术领域的世界著名奢侈品牌。

2007 年，达洛优取得了“历史文化遗产企业”的称号。这一称号是专门授予那些具有悠久知识产权的公司的，尤其是那些具有祖传手艺的企业。

传奇历史

故事要从 1682 年说起。法国正值太阳王路易十四统治之鼎盛时期，宫廷王族频频举办豪华盛宴，比拼各家美食美酒。一日路易十四参加孔代亲王的家宴，发现他家的糕点异常美味，甚至好过宫廷水准，于是毫不客气地横刀夺爱，硬生生地挖了孔德王子家的甜品师的墙角，这个厨子就是 Charles Dalloyau。由于厨艺精湛，Charles Dalloyau 深得路易十四宠爱，不仅被任命为御膳大臣，还被国王加封了贵族头衔，从此一家四代都服务于王室，代代相传法国皇家美食之精髓。

法国大革命之后，与时俱进的Dalloyau家族在1802年创建了自家字号，并在福布圣奥诺雷街开设了第一家高级外卖店，为新兴资产阶级提供昔日王公贵族的美食享受。两百多年后的今天，这家老字号成了品牌的旗舰店，是巴黎乃至来自世界各地的美食控们的朝圣地。

在Dalloyau提供的众多美味选择中，甜品是最受推崇的，不能不提他家的经典款Opéra。这款甜品由Dalloyau于1955年首创，因形似巴黎歌剧院的舞台而得名，Opéra就是由3层泡了咖啡糖浆的杏仁蛋糕夹着巧克力酱(ganache)和咖啡奶油酱(Cafe creme au beurre)的组合蛋糕，基本上只要做出来，味道是不会不好吃的。只有Dalloyau会把这蛋糕叫做"The Real Opéra"，今天这款甜点已经享誉全球，但最正宗的口味自然还是在巴黎的Dalloyau！

除了外卖和甜品，Dalloyau家的高级宴会服务也是巴黎的顶级水准。无论是奢侈品大牌还是国际大银团，举办豪华盛宴时Dalloyau是他们的不二选择。因为从场地布置到每道菜式，件件都是美轮美奂的艺术品。他家的婚庆服务更是所有新娘的梦想婚宴！

达洛优的甜品发明

1955年，达洛优在巴黎注册了店面，并且首创了一款叫做"周末"的甜品，这款旅行蛋糕很快风靡了全法国，因为它以旅途中方便携带而闻名。

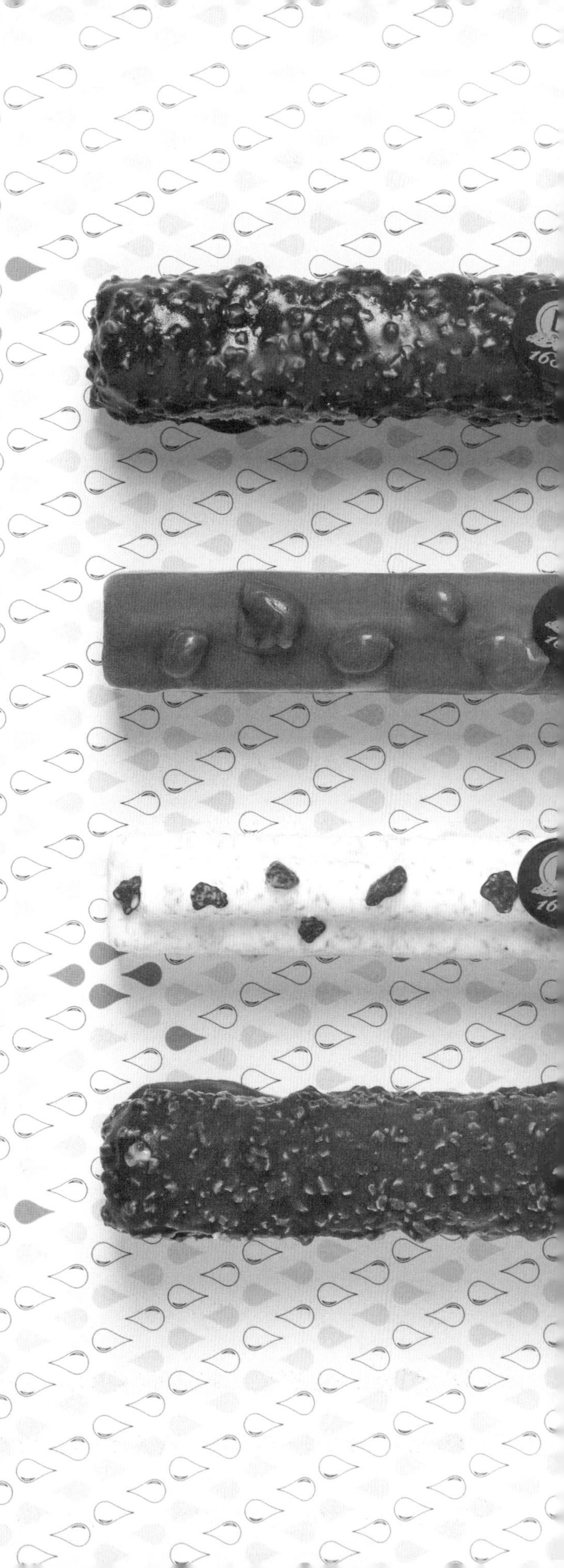

1682
1000
FEUILLE

第二款著名的甜品是 1955 年由 Cyriaque Gavillon 发明的歌剧院，时至今日这款甜品已经传到了全世界，这款长方形的蛋糕由三层杏仁比思奇组成，每层覆盖咖啡糖浆、咖啡奶油，最后是巧克力馅料，然后顶部覆盖着深黑巧克力淋酱。

Cyriaque Gavillon 非常渴望创造一些内容新颖的蛋糕，其中包含多层配方，但是可以让消费者一口就体验到蛋糕所有的层次感。紧接着，他的夫人 Andrée Gavillon 把歌剧院蛋糕做了改良，以致敬“巴黎国家歌剧院”。经过他们夫妇二人的发明和改良以后，歌剧院蛋糕逐渐变成了达洛优的招牌产品，而且在亚洲也非常风靡。

连锁发展

截至 2016 年，达洛优在法国总共拥有了 11 家连锁甜品店，10 家位于法兰西岛（大巴黎地区），1 家位于马赛，开设于 2014 年。大部分店面都提供下午茶甜品。

国际化连锁

Dalloyau 早在 1982 年就进入了日本，深受当地美食爱好者的追捧。如今他家除了在法国有 11 家店以外，在亚洲的店也很多，阿塞拜疆有 2 家、阿联酋有 2 家、另外在日本已有 20 家店，韩国 3 家店，并已经在中国香港尖沙嘴开了第一家专卖店。

地址：东京都世田谷区南鸟山 6-28-13
营业时间：10:00-19:00
ユウササゲ　甜品店

HOW TO BECOME A TECHNICAL DESSERT PROFESSIONAL

怎样才能成为专业的甜品职业人——片桐这样说

by/ 王子剑

该店是2013年5月在东京都世田谷区南鸟山开业的。店主捧雄介，在很多有名的甜品店里有过工作研修的经历。他在别人的店里当主厨的时候所做的甜品就受到很多人的欢迎，随着喜欢他甜品的人不断增加，当地认识他的居民也不断增加，后来他开始经营自己的甜品店铺——以法式甜品为基础，延伸至各类甜品。

这家店刚刚开业时，担任主厨的是只有27岁的片桐浦。虽然当时店主捧雄介和片桐浦认识不到一年，双方也不是很了解，但人和人之间就是有这样的磁场，同样由于对甜品的爱好让他们走到了一起。刚开店时，厨房里每个人都有自己负责的部分，如果是零碎的小事就大家一起去完成。无论是厨房还是卖场，每个人都有担当的责任，就是这种“大家一起努力”的氛围使得整个甜品店颇具魅力，客人看到的永远都是很有热情和激情的样子。

要做出让客人满意的甜品，各种工序一步都不能差。在厨房工作的总共有3人：两位正社员和一个小时工，从材料的准备到最后产品的完成，每一环节都要严格把控。早上六点就要进入厨房，生果子所使用的面团都是当天制作的，到了9点开店之后，他们的重心就主要放在烤制各类甜品上了，每人负责自己的甜品类型。

厨房的人和卖场的人中午交替休息一个小时，休息完之后准备第二天要用到的材料，比如一些果酱和慕斯，放在袋子里可以方便使用。明天货量的多少根据当天的使用情况来决定，而不是盲目地乱准备，这样就可以避免好多不必要的浪费。

怎样才能成为专业的甜品职业人呢？片桐主厨说，其实并不是每一个甜品师最开始的职业规划就是做甜品的，有很多都是半路出家，但做出来的甜品依然不比从一开始就做甜品的职业人差。前期的人生经历、职业经历都会对自己的甜品职业生涯产生一定的影响，人生阅历的不断积累，对后来甜品的创作灵感是有一定帮助的，所以不要小看每一段人生经历。

片桐能够成为甜品的主厨也是有一定契机的。高中时他只是对手工业比较感兴趣，比如绘画和雕塑，高中毕业之后也想选择这类专门学校进学，但是父母想让他去制果学校，他最后还是听了父母的话，然而还是心心念念地想未来走设计的路。在制果学校的生活还是很好玩的，但是那个时候还没怎么去体会，毕业工作3年之后，才觉悟到那个时候的学校生活，既充实又好玩。

专门学校毕业之后就在埼玉的一家店里工作。因为毕业后的7年一直都在同一家店里工作，片桐感觉自己应该接触一下新的环境来开阔自己的视野，所以在2013年3月离职了。在4月份的一个食品展示会上，他认识了现在这家店长，他们的脾性相投，想法也一样，包括对甜品的理解。所以就这样一拍即合，决定一起开店。刚开始的第一年出现了很多问题，比如做面包把底子给烤糊了，卖给客人被客人批评说职业水准差。设定的温度不对、甜品达不到预期的效果，也会被前辈骂。可是正是经历了这一年，磕磕碰碰地走过来，经验和技术都得到了一定的积累，最终将高品质的甜品呈现给客人。

虽然在前一家店工作7年的经验对片桐很有帮助，但因为在一家甜品店只会用一个视角去审视，后来出来以后发现自己的视角也在逐渐地变大。今后的目标也是在技术上不断地发展，甜品店真正能够长期地发展还是要在技术上不断提升，潜心研究，发展个性的甜品，在味觉上做出不一样的甜品，持续发展才是王道。

D
1682
D
1682
D
1682

DESSERT, SWEETEN ALL OVER THE WORLD 甜点，甜遍全世界

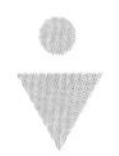

甜品研修课
DESSERT SEMINAR

CHEESE FAMILY

奶酪的六大家族

新鲜奶酪

奶白色，奶油柔滑状常涂抹于面包上

建议搭配：

新鲜蔬菜和面包 / 干白葡萄酒

推荐产品：

马斯卡波奶酪

圣茉莉奶酪

它它奶酪

瑞克特奶酪

白壳软质奶酪

由牛奶或羊奶制成的奶酪，羽绒白外皮风味从比较清淡到类似黄油口感不等

建议搭配：

新鲜水果 / 干果 / 小咸饼干 / 可炸奶酪丸子

推荐产品：

卡布里丝奶酪

狮心金文奶酪

法兰西小布里奶酪

水洗软质奶酪

主要由生牛奶制作而成在盐水、葡萄酒、白兰地或其他啤酒中进行水洗

建议搭配：

烤面包和果酱 / 蜂蜜 / 小咸饼干和蔬菜

推荐产品：

维潘

塔雷吉欧

SIMPLE CHEESE RECIPE
懒人奶酪菜谱

意式色拉

配料：

混合生菜	50 克
格拉纳帕达诺奶酪	15 克
意大利黑醋	10 毫升
橄榄油	20 毫升

制作过程：

1. 将混合生菜洗净，放入餐碟中。
2. 用意大利黑醋、橄榄油，放入少许盐做成黑醋汁。
3. 将黑醋汁与色拉拌匀，装盘，把格拉纳帕达诺奶酪削片撒在色拉上。

布里虾仁色拉

配料：

博格瑞牌法兰西小布里奶酪　2 份

对虾	6 只	芒果	1 个
青柠	1 个	香菜	1 匙
椰奶	1 匙	咖喱粉	1 匙

制作过程：

1. 将芒果和对虾剥皮并切块，同时也把博格瑞牌法兰西小布里奶酪切块。准备玻璃器皿。
2. 将对虾与博格瑞牌法兰西小布里奶酪、芒果和椰奶适量混合。加上几滴青柠汁，撒一些咖喱粉和香菜，即可使用。

半硬质 / 硬质奶酪

半硬质奶酪在接近表皮部分较坚硬，易化开，口味温和硬质奶酪易碎，成熟时间越长口味约浓郁

建议搭配：

直接切块做零食 / 削片撒在意大利面或披萨上 / 夹三明治

推荐产品：

淡味安文达奶酪

淡味古老椰奶酪

格拉纳柏达诺干酪

蓝波奶酪

呈现出点状和波纹状的蓝色，灰蓝色或蓝绿色的菌斑成型的黏稠质感的软质奶酪，略带咸味的独特风味

建议搭配：

小咸饼干 / 干果 / 甜白葡萄酒

推荐产品：

布里布兰奶酪

圣他结兰奶酪

布兰奶酪

罗克福特蓝纹奶酪

羊奶奶酪

口味浓重黏稠易涂抹类型，具有白色外壳的口味更刺鼻，半硬质形态，低胆固醇，易于消化，

富含维生素，抗癌功效

建议搭配：

烤面包和沙拉 / 蜂蜜 / 干果

推荐产品：

法兰西羊奶奶酪

夏弗若奶酪

圣摩尔奶酪

羊奶奶酪春卷

配料：

春卷皮	5 个
菠菜	50 克
夏弗若羊奶奶酪	150 克

制作过程：

1. 把菠菜放入水中烫一下，把水捏净后切成末。
2. 将菠菜末和夏弗若羊奶奶酪卷在一起，卷入春卷。
3. 把春卷放入 170℃的油温里炸，炸至表面呈金黄色即可。

炸奶酪条

配料：

淡味古老椰奶酪	20 克
面粉	30 克
蛋液	100 毫升
面包糠	50 克

制作过程：

1. 将淡味古老椰奶酪切成条状，外层裹上面粉、蛋液及面包糠，放入 170℃油温中，炸至表面呈金黄色即可。

EXPLORATION 日本点心の装饰方法探索
OF DECORATIVE METHODS OF JAPANESE

AND APPRECIATION OF UNIQUE DISPLAY MODE
与独有の展现陈列方式欣赏

article || 车奔　photo || 王子剑

众所周知，日式甜点向来以精致著称，从口味色泽，到成品展示，他们更注重于追求“美”的呈现。有时他们会为将某种食材融入甜品里而不断尝试，有时他们甚至会为几颗巧克力而设计一个独立的甜品装饰造型。

前不久举办的日本蛋糕展上，我们收获到了许多关于冬季主题的甜品。可以看出在装饰上，日本人更注重于将“自然”的元素融入到装饰里。比如用糖粉来营造出飘雪的氛围，用小麦等烘焙原料来点缀产品。在产品呈现上，也会巧妙地运用点线面的关系，构造出对称且有设计感的造型。从大到小的过渡感，高低不同的错落感，以及拉开远近的距离感，都会搭配出不一样的视角。

在许多的日本甜品店里，可以看到许多季节性的甜品。他们常常会根据时节而选择制作甜品的原料及成品的颜色。比如樱花盛开的时候，就会推出樱花慕斯、樱花布丁、樱花蛋糕卷等主题食物。在产品的名称上，他们也会以一些地名，或是原料的起源地、家族名而命名。他们很用心地将自然节气与文化历史融入到甜品里。是种对食材认真对待的态度，也是份对甜食的热爱。

天气转寒，踏入冬季，圣诞节也将如期而至。提起圣诞节，难免会联想到姜饼人、花环面包、树根蛋糕、拿破仑……这些颇具代表性的节日食物。但抛开这些经典的产品，你会为这个西方的盛宴准备点什么呢?

在此次日本展会的甜品组别中，像巧克力、马卡龙、糖果，这些平常且体积很小的产品，也都一一被以精致造型的形式呈现,瞬间就营造出了温馨的圣诞氛围。一些扎着蝴蝶结的金色礼盒、整齐的小银铃、红绿相间的彩带与可爱的圣诞老人带着麋鹿的摆件，来衬托精致的甜品。放入其中，两者搭配得相得益彰，完美得刚刚合适。

在包装的选择上，除了带有圣诞装饰物的盒子外，也会加一些手工的元素。比如用纸做一些蝴蝶结、小信件，或是用丝带打个复古的蝴蝶结。许多自己动手制作的小物件，往往会收获意想不到的效果。作为圣诞节的装饰，颜色自然以白绿红的经典色为主，也可以加入银色和金色来让作品变得更加"高大上"。

这样的展现方式无论是放在店面还是自家制作甜品台，都十分受用。比起单一地陈列产品，放上几个简单的配件来看，似乎更能吸引人们的眼球与获得称赞。

这里特别推荐一款来自日本东京制果学校前校长中村勇大师的冬季甜品配方——吉布斯特塔。

HOW TO MAKE THE PERFECT ITALIAN MERINGUE

如何打造完美意式蛋白霜

by || 陈玲华

蛋白霜有多种多样，所谓意式蛋白霜，就是在打发的蛋白中匀速慢慢冲入熬煮好的糖浆继续打发而成的蛋白霜。意式蛋白霜最大的特点就是黏性较强，发泡状态比较坚定稳固。意式蛋白霜是马卡龙的基础部分，也常被用来做冷冻甜点、慕斯，或者是蛋糕表面的装饰。

那么，在制作意式蛋白霜的过程中，有什么要点我们要特别注意呢?

首先要避免油脂。由于油脂会阻碍蛋白的打发，因此在打发蛋白的过程中，一定要确保打蛋桶以及其他工具都是干净、没有油脂的。

鸡蛋要室温状态下的。室温状态下的鸡蛋更容易打发，打发蛋白的理想温度是21℃。如果鸡蛋是刚从冰箱里取出来的，可以先慢速打发几分钟，使蛋白蓬松、预热，然后再加速打发。

蛋白千万不能过度打发。如果蛋白过度打发，最后就容易塌掉。为了避免过度打发，可以保持中速打发，而不是一上来就全速打发。意式蛋白霜中一旦加入了糖浆之后，就会变得更加稳定。

意式蛋白霜的配方中，砂糖起关键作用。意式蛋白霜中蛋白和糖的比例可以是1:1到1:2之间，但通常情况下砂糖的重量是蛋白的2倍。蛋白中含有90%的水分和10%的蛋白质，因为糖有吸湿的作用，所以糖可以使蛋白更加稳定。一方面，砂糖可以和水融合，另一方面，砂糖可以增加蛋白的黏性，使气泡更加稳定。

加入砂糖的顺序非常重要。如果将砂糖一次性加入蛋白中打发，由于砂糖会吸收蛋白的水分，所以很难打发。这也就是为什么在做意式蛋白霜时，要先将一部分砂糖和水（通常为砂糖量的1/3）加热熬煮至117℃~123℃之间，熬煮的过程中水分会蒸发。此时的糖浆具有很强的黏性，冷却之后的糖浆黏性会更强，因此蛋白霜打发好之后，稳定性也会更强。但是能不能将全部的砂糖都制成糖浆呢？答案是否定的。因为蛋白中加入砂糖打发后再冲入糖浆打发，打发出的蛋白霜的纹理会更加细腻。由于在打发的蛋白中冲入热糖浆，气泡中的空气会因为热膨胀而体积变大，所以要在最初打发蛋白时加入一部分砂糖，先搅打出一些小的气泡，作用就在这里。虽然蛋白中加入砂糖会比较难打发，但也正是这个原因，可以提前在蛋白中搅打出一些小的气泡。

配方中可以适量加入一些酸性物质。打发蛋白霜时，可以加入一点柠檬汁、塔塔粉，或者是醋，这些酸性物质会使鸡蛋中的一部分蛋白质变性。这样，打发蛋白的时间就可能会变长，但是酸性物质会使气泡更加具有可塑性，因此在裱花或者烘烤的时候就不容易塌掉。

鸡蛋最好要用新鲜的。过去，人们可能一直以为不那么新鲜的蛋白才更容易打发，但事实上不是这样。不那么新鲜的蛋白会更加轻薄一点，所以打发的时候更容易起泡，体积也更容易膨胀，但这是以前人们手动打发蛋白的情况。现在由于我们一般都是用电动打蛋器打发，所以打发蛋白也就变得容易多了。事实上，不那么新鲜的蛋白打发后不够稳定，很容易消泡。因此，如果你觉得蛋白霜的稳定性要比体积的大小更重要的话，那么还是选择新鲜鸡蛋比较好。

检验糖浆是否已经达到理想温度的方法。当然，有温度计的情况下，就不存在这个问题了。以下两个小方法，可以帮助我们在没有温度计的情况下判断糖浆熬煮是否到了理想温度。一种方式是通过气泡来判断：糖浆刚开始沸腾的时候，是没有黏性的，只有到了110℃左右才开始具有黏性。随着加热的继续，水分会不断蒸发，糖浆的黏性也越来越强，这时候锅里的气泡也会变得越来越小，越来越均匀，这种状态的温度就差不多了。另一种判断的方式看起来就更加“炫酷”一些了：我们可以将一根手指（通常是食指）放在冰水中蘸一下，然后迅速将手指伸入熬煮的糖浆中，接着放入冰水中用拇指和食指揉搓，如果可以搓出一个柔软的水晶小球，那么这时的温度就可以了。

蛋白打发到什么程度时加入糖浆比较好？由于糖浆中的砂糖含量越多，黏性就越强，因此也会更加抑制蛋白的打发，所以在蛋白打发到什么程度时加入糖浆，就要看具体配方中蛋白和砂糖的比例了。一般来说，砂糖的用量不超过蛋白的1.5倍时，在蛋白打发至五到七成时冲入糖浆；砂糖的用量在蛋白的1.5~2倍时，在蛋白打发至六到九成时加入。

文章最后，就让我们一起来了解一下法式蛋白霜和瑞士蛋白霜又分别是什么吧。法式蛋白霜比意式蛋白霜少了一个冲入糖浆的步骤，蛋白和糖的比例差不多也是1：2，但是糖分为砂糖和糖粉两种，两者的比例为1:1。法式蛋白霜常和面糊混合做成蛋糕基底，也常被用来制作马卡龙。瑞士蛋白霜是蛋白与2倍的砂糖一起隔水加热至40~45℃后打发而成的。瑞士蛋白霜可以用火枪烧烤，或者低温烘烤成蛋白霜饼。

GLAZING DECORATION

MAKE THE CAKE BRIGHTER

淋面装饰，让蛋糕更亮一点

文字 || 孙奥军　　摄影 || 刘力畅

Q：淋面之前要注意什么？

A：在淋面之前，首先保证慕斯必须冻得够硬，表面也必须平整。

Q：如何使淋面顺滑无气泡？

A：制作淋面酱的过程中不可以使用打蛋器搅拌，否则容易产生气泡，需要使用手持料理棒来消除气泡，有必要时还需要过筛。

Q：淋面的浓稠度要如何控制？

A：淋面的浓稠度一定要控制好，不可以太稠或太稀（太稠会导致淋面后流动性差，表皮过厚，不易于抹平；太稀会导致流动性强，不易于停留在慕斯表面。）

Q：淋面的浓稠度对蛋糕外形有影响吗？

A：淋面时的温度最好控制在 30℃ ~35℃之间，具体使用的温度还是根据产品调整。一般情况下，淋面在做完之后是要在冷藏冰箱中静置一夜，第二天取出之后可以放置在热水中加热到使用温度，如果不是立刻使用，可以放置在 40℃左右的热水中保持恒温。也可以用微波炉加热至使用的温度，然后拌匀、轻震出气泡就可以立刻使用。

Q：判断淋面状态有什么技巧？

A：用勺子背蘸取淋面酱，观察覆盖状态，如果覆盖效果好则表示此时正是淋面的最佳状态，并记录此状态的温度，下次使用时隔水加热至此温度即可直接使用了。如果过于流淌，勺子上只有薄薄的一层，则表示温度偏高，需要继续降温。如果过于浓稠，则表示温度太低了。

Q：淋面能否重复使用？

A：没有一次用完的淋面，可以在表面贴上保鲜膜，放进冰箱冷藏储存（储存温度 3℃ ~8℃），一个月之内都可以随时取出，隔水加热到适宜的温度继续使用。

Q：什么是豹纹淋面？

A：豹纹淋面是目前全世界甜点界最潮而又神秘的一种淋面，制作时要注意以下几点：

1. 温度：黑色巧克力淋面的温度控制在 30℃ ~35℃，白色淋面的温度控制在 65℃。
2. 速度：首先需要把两种淋面准备好并保持好各自的温度，黑色淋面淋完之后立马淋入白色淋面，迅速用抹刀抹平，马上就会呈现出豹纹的效果。如果黑色淋面已经开始有凝结了，就没有办法出现渲染的效果了。

Q：什么样的甜点适合淋面？

A：表面平整、形状规则的甜点比较适合淋面。因为在淋面的过程中需要让淋面很自然地流下来，直到覆盖到整个甜品表面，如果选择很不规则的甜点的话，有棱角的地方或者凹凸的部分就会淋不到，做不了一个很完整的蛋糕。

Q：如果做的是一个不规则形状的甜点，又想赋予它一层很漂亮的外衣该怎么办？

A：如果大家做的偏偏就是一个很不规则的甜点，但又想赋予它一个漂亮的外衣，大家可以尝试一下喷面，可可脂和白巧克力以 1 ：1 的比例调和，然后再添加自己想要颜色的色淀，用料理棒打匀，在60℃的时候装进喷枪，在表面进行喷饰即可。

Q：哪些器具可以用来倾倒淋面？

A：在进行淋面的时候，用量杯来进行操作是一个不错的选择。量杯都有一个用来倾倒的角，不会使淋面沾到量杯的杯壁上，并且一般量杯都可以直接放进微波炉里加热。如果在使用之前，感觉到淋面的状态因为温度变低而变得有点黏稠了，这个时候就可以将量杯直接放进微波炉里进行加热。

Q：如何为不同淋面选择色素？

A：根据我们所做每款甜点的不同，所选淋面的口味也是不同的。在制作黑巧克力淋面或者白巧克力淋面的时候，一般是不需要添加食用色素的，配方中的黑巧克力、可可粉，或者是白巧克力已经赋予了淋面足够的色彩，不需要再次添加色素进行调色。一般在制作果味淋面的时候，配方中的果蓉颜色并不能达到我们的需求，就需要添加一些色淀才能达到我们想要的效果。色素的选用也是极为重要，不管是色膏、油性色素还是水性色素，统统不可以，必须选用色淀，并且一定要选择上色快并且颜色深的色淀，这样添加少许就可以达到效果，不会破坏配方的比例。

Q：哪些方式可以去除淋面中的小气泡？

A：在制作淋面的时候免不了会出现一些大大小小的气泡，这就要求我们在制作的时候尽量不使用搅拌球，而使用橡皮刮刀，因为搅拌球在搅拌的过程中就像打发蛋白一样，把很多的空气给带进去。在淋面制做完成，趁着还没降温时，可以把手持料理棒插进底部，进行消泡。要注意的是，在消泡的过程中，手持料理棒一定不能提起来，如果刀口接触到空气，里面的气泡只会越搅越多。除了用手持料理棒进行 消泡，也可以使用网筛进行消泡，将淋面用网筛过滤到另一个干净的容器中，在表面贴上一层保鲜膜，静置一夜，内部的小气泡会浮上来沾到表面贴的那层保鲜膜上，第二天揭开后，气泡就会很自然地消除，加热到适当的温度即可使用。

Q：怎样才能淋出光滑的面？

A：首先要保证慕斯体的表面光滑平整，整体冷冻坚硬。除此之外要保证淋面的温度，要保证在 30℃ ~35℃（根据不同的淋面及不同的甜品，温度也有所调整），在淋面时的速度一定要快、稳，淋完还需要使用抹刀抹平，抹掉顶部多余的淋面。

Q：给甜点制作淋面，需要提前将淋面做好吗？做好的淋面是立即使用还是需要放入冰箱？

A：淋面最好是提前一天做好，然后表面盖上保鲜膜，冷藏保存一夜。这样有足够的时间使内部分子融合结晶，做出来的淋面也更亮，静置一夜会使内部气泡飘上来，在淋面完成之后表面没有凹点，更加完美。

Q：没有一次用完的淋面可以保存多久？每一次使用前要注意什么？

A：一般情况下密封冷藏保存可以保存一个月，不过回收使用的次数最好不要超过三次。因为在你回收的同时会把其中的慕斯浆料，又或者是其他的物体回收进去（当然这里的其他物体是指慕斯体上掉落的，是可以食用的），从而影响淋面的质量，做出来的淋面就不会很亮。在每一次使用之前要保证淋面的温度是适合淋面的，在 30℃ ~35℃之间。在达到温度的同时，要保证淋面的黏稠度适宜，如果太稠就不能使用了。

Q：淋面中一定要加入吉利丁吗？有没有什么替代材料？

A：通常情况下，结兰胶、琼脂、吉利丁等一些天然凝固剂都是可以使用的。因为市面上吉利丁比较常见，制作吉利丁的原材料相对其他凝固剂所需的原材料来说是比较普遍的。在使用不同凝固剂的时候，要根据这些凝固剂的凝固力来适当地减少或增加，不能不修改用量，不然做出来的淋面会很 Q 或者是很稀都是不能使用的。

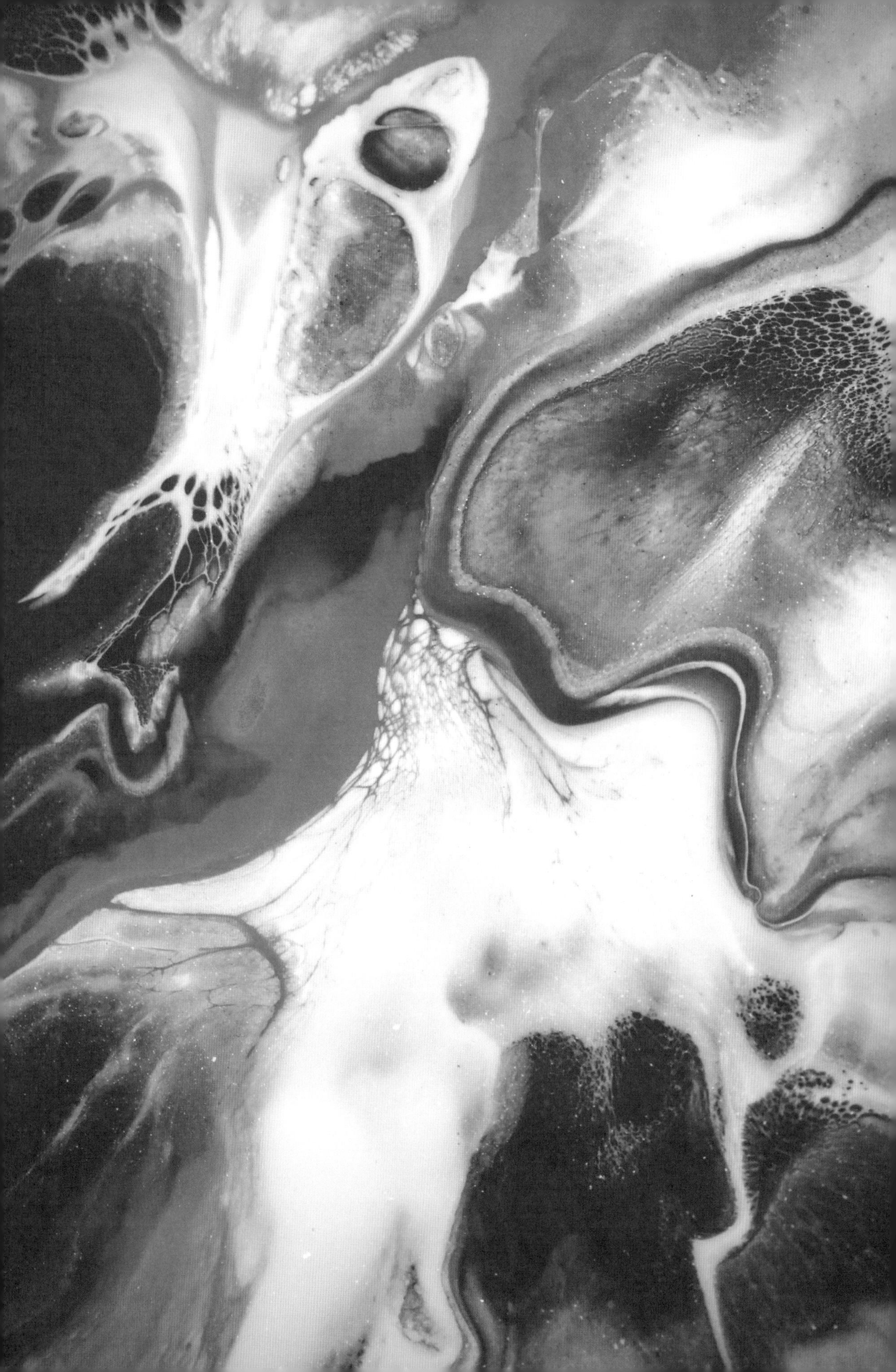

甜点，甜遍全世界

DESSERT, SWEETEN ALL OVER THE WORLD

甜品大师私藏配方大公开

PUBLICITY OF SWEET MASTERS' PRIVATE RECIPE

肉桂西班牙油条配香缇奶油

配方由主厨 Gerald Marided 提供

CINNAMON SPANISH OIL BARSWEET TWIPS CREAM

肉桂西班牙油条配香缇奶油

面 糊

配方：

水	185 克
牛奶	60 克
盐	3 克
糖	8 克
黄油	100 克
低筋面粉	150 克
全蛋	250 克

制作过程：

1. 在一个大锅里，将牛奶、水、盐和黄油煮沸。
2. 加入过筛的面粉，煮至浓稠状。
3. 放入搅拌机中，用扇形拍搅拌降温。
4. 逐次加入全蛋，混合搅拌成光滑的面糊。装入带有星形裱花嘴的裱花袋中，挤出长条形，冷冻几小时。
5. 切成 12 厘米的长度，放入植物油中深度油炸。
6. 捞出后在表面裹上肉桂糖粉。
7. 搭配香缇奶油一起食用。

香缇奶油

配方：

淡奶油	250 克
糖粉	90 克
香草精	2 克

制作过程：

1. 将淡奶油和香草精、糖粉一起打发至湿性发泡。
2. 放入冷藏备用。

外加材料：

黑巧克力、新鲜覆盆子、橙子皮屑或柠檬皮屑

小贴士：

肉桂油条可以配合荔枝酱汁一起食用，可以获得额外的风味。

荔枝酱

配方：

荔枝	250 克
矿泉水	380 克
冰糖	225 克
香草荚	8 克
柠檬皮屑	12 克

制作过程：

1. 将矿泉水、糖、香草荚放入锅中煮沸，煮至浓稠的糖浆后加入橙子皮屑和荔枝。
2. 冷藏备用。

西班牙油条

配方由主厨 Rangga Putra 提供

配方：

黄油	1100 克
水	250 毫升
中筋面粉	150 克
盐	0.25 小匙
全蛋	3 个
肉桂粉	10 克
白砂糖	10 克
油	200 毫升

制作过程：

1. 水加热，放入黄油，煮沸（3~4 分钟）。
2. 煮沸后关火，倒入面粉和盐，混合成软面团，放入搅拌机中搅拌，然后逐渐加入全蛋，混合完全至光滑的面糊。
3. 取出面糊，用保鲜膜包好，冷却。
4. 油炸过程：将面糊装入带有玫瑰花嘴的裱花袋中。
5. 挤出长条形，大约 10 厘米。
6. 将油加热到 170℃，将西班牙油条炸 2~3 分钟至金黄色。
7. 将肉桂粉和白砂糖混合，放置一边备用。
8. 将炸好的西班牙油条裹满肉桂糖粉。
9. 趁热食用，同时搭配一些蘸酱（巧克力酱、覆盆子酱、芒果酱、焦糖酱等）。

NEW YEAR WREATHS

新年花环

配方由主厨 Patrick Siau Chi Yin 提供

布朗尼

黄油 200 克
67% 考维曲黑巧克力 200 克
全蛋 8 个
糖 250 克
盐 5 克
中筋面粉 160 克
烤杏仁碎 150 克
巧克力奶油 200 克

制作过程：

1. 将黄油和考维曲黑巧克力溶化，全蛋和糖打发，然后加入盐打发至绸带状。
2. 拌入巧克力，然后再拌入面粉和烤杏仁碎。
3. 倒入模具中，在中间挤上巧克力奶油。放入烤箱，以 190℃烤 25 分钟。

牛奶巧克力淋面

考维曲牛奶巧克力 700 克
葵花籽油 200 克

制作过程：

1. 将所有材料一起溶化，放置一边，在 25℃时使用。

咸焦糖

糖 80 克
葡萄糖浆 16 克
淡奶油 150 克
67% 考维曲黑巧克力 150 克
考维曲牛奶巧克力 100 克
黄油 40 克
盐之花 5 克

制作过程：

1. 将糖熬成焦糖，淡奶油和葡萄糖浆加热。
2. 焦糖制好后，倒入热的淡奶油和葡萄糖浆，混合完全。
3. 倒入巧克力，使其乳化。
4. 加入黄油和盐之花，倒入模具中。

覆盆子啫喱

覆盆子果蓉 200 克
琼脂 2 克

制作过程：

1. 将材料混合煮沸，倒入模具中。
2. 成型后切成小方块。

巧克力甘纳许

牛奶 125 克
蛋黄 2 个
糖 25 克
67% 考维曲黑巧克力 75 克
黑巧克力空心壳 63 个

制作过程：

1. 用牛奶、蛋黄和糖制作卡仕达酱。
2. 倒入巧克力，使其乳化。
3. 和覆盆子啫喱一起填入黑巧克力空心壳中。

巧克力石头块

67% 考维曲黑巧克力 100 克
麦芽糊精 20 克
盐 1 克

制作过程：

1. 将巧克力溶化，和麦芽糊精一起搅拌，做成石头的形状。
2. 使其结晶，3 小时左右。

装饰

覆盆子棉花糖	20 个
覆盆子	20 克
欧芹	20 克
巧克力奶油	200 克
雪花片	20 片

组合

1. 布朗尼表面淋上巧克力奶油，装饰。

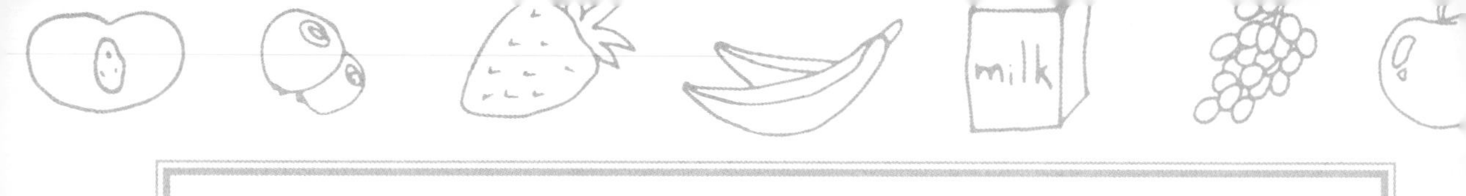

100% ARABICA

100% 阿拉比卡

配方由糕点主厨 Fabrizio Fiorani 提供，
用 Silikomart Professional GEM100 模具制作而成。

咖啡甘纳许

配方：

牛奶	200 克
脱水咖啡	15 克
白巧克力	340 克
吉利丁	9 克
淡奶油	400 克

制作过程：

1. 将牛奶和脱水咖啡煮沸。
2. 加入泡好水的吉利丁。
3. 用手持料理棒将其和白巧克力一起均质打匀（提前融合）。
4. 加入淡奶油，用手持料理棒打匀。

泡芙面团

配方：

牛奶	125 克
水	125 克
细砂糖	10 克
盐	2 克
黄油	100 克
面粉	150 克
全蛋	225 克

制作过程：

1. 将水、牛奶、黄油、盐和细砂糖一起煮沸。
2. 加入过筛的面粉，加热 3 分钟。
3. 倒入搅拌桶中，用扇形拍搅拌。
4. 分次加入全蛋。
5. 装入裱花袋，挤入 SF006 半球模中（直径 1.5 厘米），冷冻。
   这样可以做出相同大小的奶油泡芙。
6. 放在带孔的垫子上烘烤 15 分钟 ~18 分钟。前 8 分钟温度为
   185℃，然后温度降至 170℃，烘烤至熟。

白咖啡奶油

配方：

淡奶油　250 克
牛奶　250 克
蛋黄　80 克
细砂糖　60 克
吉利丁片　8 克
咖啡豆　50 克
白巧克力　325 克

制作过程：

1. 将咖啡豆碎、牛奶和淡奶油混合后过筛。
2. 将“步骤 1”和蛋黄、细砂糖一起制成英式奶油酱，加入软化的吉利丁片，化开，倒入巧克力中，融合均匀。

咖啡油酥饼底

配方：

低筋面粉　100 克
扁桃仁粉　100 克
赤砂糖　100 克
黄油　100 克
咖啡豆　20 克
可可脂（化开）　适量

制作过程：

1. 将所有材料混合成面团，再擀成 3 厘米厚的饼皮。
2. 入烤箱，以 165℃烘烤 14 分钟 ~16 分钟。取出后，在表面刷上化开的可可脂，防潮。

巧克力糖浆

配方：

70% 巧克力　100 克
可可脂　100 克
烘烤过的榛子　20 克

制作过程：

1. 将巧克力和可可脂隔热水化开，加入榛子，混合均匀即可。

咖啡淋面

配方：

淡奶油　800 克
意式浓缩咖啡　200 克
葡萄糖浆　200 克
吉利丁　12 克
35% 白巧克力　1400 克

制作过程：

1. 将淡奶油、意式浓缩咖啡和葡萄糖浆煮沸。
2. 加入泡好水的吉利丁，然后和巧克力一起乳化。在咖啡淋面 35℃的时候使用。

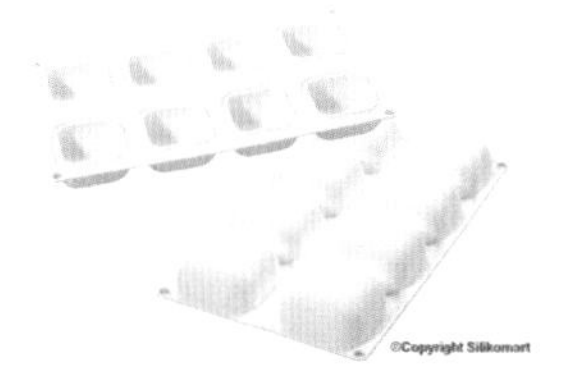

GEM100 模具可以承受的温度范围是 -60℃ ~ +230℃。

尺寸：61 毫米 x 61 毫米 x 30 毫米（高）
容量：8 毫米 x 100 毫米
总容量：800 毫升

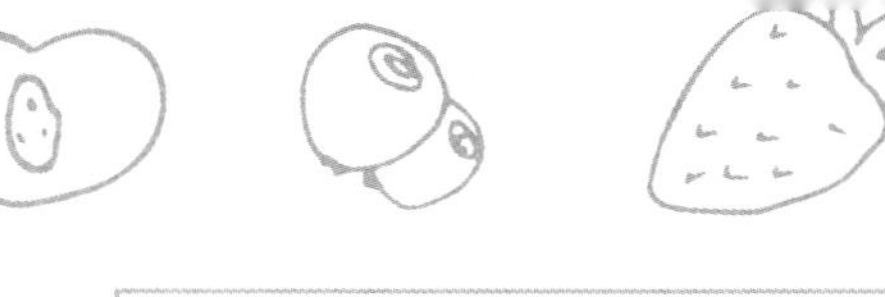

黄色淋面

配方：

细砂糖	300 克
葡萄糖浆	300 克
水	150 克
炼乳	200 克
吉利丁片	20 克
冰水	120 克
白巧克力	300 克
金色色素	1 克
黄色色素	2 克

制作过程：

1. 将细砂糖、葡萄糖浆和 150 克水一起煮沸，制成糖浆。
2. 将吉利丁片放入 120 克冰水中浸泡软化后，沥干水分，加入“步骤 1”中。
3. 加入炼乳、巧克力和色素，一起乳化均匀。
4. 过筛，静置 24 小时。使用时，重新加热至 35℃，淋在冻好的甜点上。

黑色淋面

配方：

吉利丁片	21 克
冷水	105 克
细砂糖	240 克
葡萄糖浆	240 克
64% 巧克力	230 克
炼乳	160 克
中性镜面果胶	110 克

制作过程：

1. 将吉利丁用冷水浸泡。
2. 将细砂糖、葡萄糖浆和水加热至 103℃。
3. 将“步骤 2”倒入巧克力中，乳化均匀。再将吉利丁片沥干水分，加入其中化开。
4. 加入炼乳和中性镜面果胶，混合均匀。

组合：

1. 将白咖啡奶油挤入泡芙中。放入冰箱冷却后用巧克力糖浆淋面。
2. 在 GEM100 的模具中倒入一层咖啡甘纳许，然后将淋好面的泡芙放在中间，冷冻。
3. 在模具边缘的上部再倒入一层咖啡甘纳许。
4. 放置在咖啡油酥饼底上，再次冷冻，脱模后分别淋上不同淋面即可。

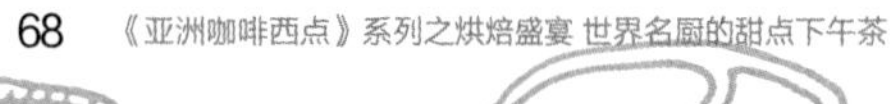

ROSE HEART WITH GRAND MARNIER

可做 24 个小蛋糕

玫瑰心

配方由糕点主厨 Lurent Moreno 提供，
用 Silikomart Professional 模具 AMORINI 制作。

扁桃仁海绵蛋糕

配方：

蛋黄	80 克
全蛋	50 克
细砂糖	80 克
转化糖	10 克
蛋白	120 克
细砂糖	40 克
扁桃仁粉	150 克
中筋面粉	20 克
黄油	50 克

制作过程：

1. 将蛋黄、全蛋、80 克细砂糖和转化糖放入打蛋桶中一起打发。
2. 将蛋白和 40 克细砂糖在另一个打蛋桶中打发，制成蛋白霜。
3. 将少量的蛋白霜和“步骤 1”混合搅拌，然后拌入过筛的扁桃仁粉、中筋面粉、化开的黄油和剩余的蛋白霜。
4. 倒满半个烤盘（55 厘米 x35.5 厘米 x1 厘米），放入烤箱，以 170℃烘烤 12 分钟。
5. 出炉冷却后用模具切出心形。

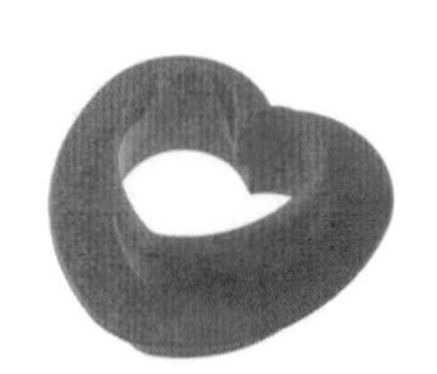

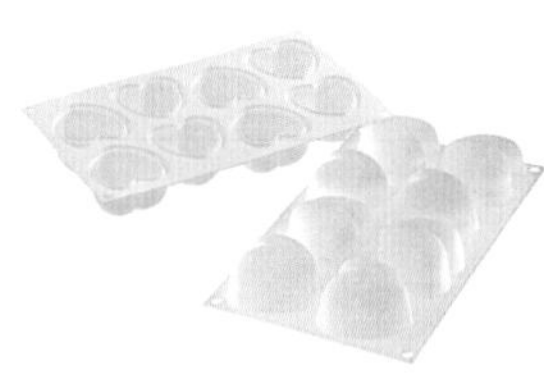

AMORINI 模具可以承受的温度
为 −60℃ ~+230℃。
尺寸：63 毫米 x65 毫米 x39 毫米
容量：96 毫升

抹茶奶油

配方：

抹茶粉	4 克
淡奶油	160 克
糖浆	16 克
淡奶油	50 克
蛋黄	50 克
细砂糖	50 克
吉利丁溶液	28 克（4 克吉利丁粉 +24 克水）

制作过程：

1. 将抹茶粉和 160 克淡奶油混合，放入冰箱使其冷藏 15 分钟。
2. 制作萨芭雍：将糖浆、淡奶油、蛋黄和细砂糖隔水加热至 85℃，然后放在打蛋机中搅拌降温至 30℃。
3. 将“步骤 1”的抹茶淡奶油打发。
4. 将吉利丁溶液加入萨芭雍中，然后加入打发好的抹茶淡奶油。
5. 用 10 号花嘴将抹茶奶油挤在扁桃仁海绵蛋糕上，冷冻。

玫瑰巴巴露亚

配方：

全脂牛奶	260 克
未经处理的玫瑰	2 瓣
细砂糖	45 克
蛋黄	100 克
玫瑰糖浆	30 克
吉利丁溶液	56 克（8 克吉利丁粉 +48 克水）
轻微打发的淡奶油	350 克
覆盆子碎	90 克
柑曼怡力娇酒	25 克

制作过程：

1. 将牛奶煮沸，加入切碎的玫瑰花瓣，使其在锅中融合 3 分钟。
2. 过滤；将蛋黄和细砂糖加热至 85℃，然后和牛奶一起做成英式酱汁。
3. 冷却至 20℃，加入吉利丁溶液、玫瑰糖浆、打发淡奶油、柑曼怡力娇酒，然后加入覆盆子碎。

粉色镜面

配方：

水	75 克
细砂糖	150 克
葡萄糖浆	150 克
甜炼乳	100 克
吉利丁溶液 （10 克吉利丁粉 +60 克水）	70 克
考维曲白巧克力	150 克
白色色素	2 克
红色脂溶性色素	0.5 克
香草荚	1 根

制作过程：

1. 将水、细砂糖和葡萄糖浆加热至 103℃，然后倒入白巧克力、甜炼乳和吉利丁溶液的混合物中，混合均匀。
2. 加入白色色素、红色色素和香草荚籽，搅拌均匀。（以上步骤可以提前一晚制作。）
3. 用保鲜膜盖住表面，放入冰箱保存。使用时，重新加热至 30℃ ~35℃时使用。

装饰

新鲜覆盆子

玫瑰花瓣

巧克力片

组合：

1. 将玫瑰巴巴露亚挤入模具至半满，放入冻好的扁桃仁海绵蛋糕和抹茶奶油，然后冷冻。
2. 脱模后淋面。
3. 用玫瑰花瓣、覆盆子和巧克力片装饰。

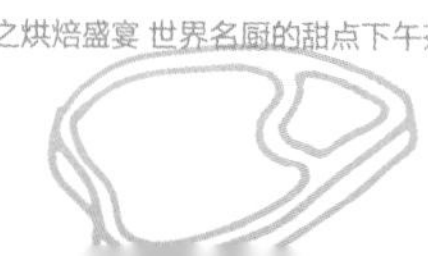

Grand Marnier

Stone 石头

配方由甜点师兼巧克力师 Philippe Rigollot 提供，
用 Silikomart Professional 模具 STONE 制作。

可做 10 个单人份

巧克力细末

配方：

黄油	15 克
赤砂糖	15 克
扁桃仁粉	15 克
盐	0.2 克
低筋面粉	11 克
可可粉	2 克

制作过程：

1. 用以上材料做出 2 毫米厚的饼底，以 150℃烘烤 20 分钟。冷却后搅碎成巧克力细末。

黑巧克力香脆

配方：

50% 榛子酱	85 克
黄油薄脆片	30 克
巧克力细末	55 克
70% 黑巧克力	15 克
33% 牛奶巧克力	15 克

制作过程：

1 将两种巧克力一起化开，然后与烤好的巧克力细末、黄油薄脆片和榛子酱一起混合拌匀。

覆盆子焦糖

配方：

细砂糖	47 克
葡萄糖浆	30 克
覆盆子果蓉	61 克
可可脂	24 克
黄油	60 克
吉利丁粉	1 克
水	5 克
覆盆子白兰地	3 克

制作过程：

1. 将吉利丁粉放入水中，备用。
2. 将细砂糖制成焦糖，然后加入覆盆子果蓉、葡萄糖浆，一起加热。

3 离火后，加入黄油、可可脂、泡好水的吉利丁和覆盆子白兰地。冷却后搅拌使用。

英式奶油

配方：

牛奶	54 克
淡奶油	54 克
蛋黄	22 克
细砂糖	11 克
淡奶油	190 克
66% 黑巧克力	190 克
33% 牛奶巧克力	50 克

制作过程：

1. 将蛋黄和细砂糖拌匀，再把 54 克淡奶油和牛奶煮沸，倒入蛋黄中。一起回煮。
2. 加热至 84℃ ~86℃（期间用橡皮刮刀搅拌），离火。过筛，成英式蛋奶酱。
3. 将巧克力一起融化，加入英式蛋奶酱，打发，至液体温度到 45℃ ~50℃，即可。
4. 将 190 克淡奶油打发，混合“步骤 3”，搅拌至光滑。

组合：

1. 在黑巧克力香脆上用裱花袋挤上一些覆盆子焦糖，冷冻。
2. 用英式奶油在 Stone 模具的内壁抹上一层，然后放入冻好的“步骤 1”。
3. 冷冻好脱模，表面淋面。

STONE 模具可以承受的温度范围
是 -60℃~+230℃。
尺寸：65 毫米 ×30 毫米
容量：85 毫升

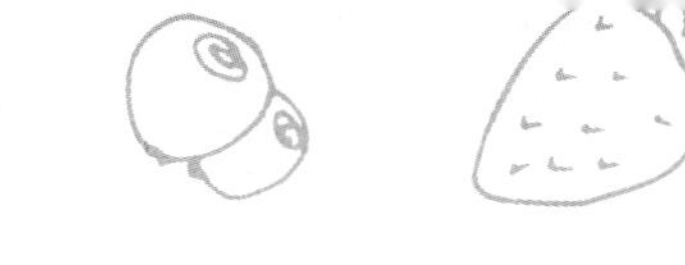

TI VOGLIO BENE

因为我很在乎你

配方由糕点主厨 Franck Michel 提供，
用 Silikomart Professional 模具 TI VOGLIO BENE 制作。

脆 饼

配方：

黄油	100 克
细砂糖	100 克
扁桃仁粉	100 克
面粉	120 克

制作过程：

1. 按所给的材料顺序将所有材料混合成面团。
2. 将面团擀至 2.5 毫米厚的饼皮，放入冰箱冷藏。
3. 切出 7.5 厘米的正方形。
4. 放入风炉，以 150℃烘烤 16 分钟 ~18 分钟。

风味热内亚饼底

配方：

50% 扁桃仁膏	200 克
全蛋	190 克
面粉	45 克
泡打粉	3 克
黄油	65 克
香草荚（取籽）	1 根
橙子皮屑	1 个的量

制作过程：

1. 分次将全蛋和扁桃仁膏一起混合。
2. 将混合物加热，然后用球形打蛋器打发。
3. 加入过筛的面粉和泡打粉。
4. 先将少量的面糊和化开的黄油、香草荚籽和橙子皮屑混合，然后再和所有的面糊一起混合均匀。
5. 倒入硅胶垫中，放入风炉中，以 190℃烘烤 8 分钟 ~10 分钟。

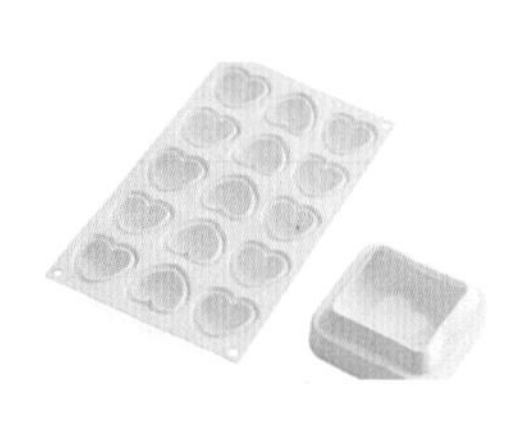

TI VOGLIO BENE 模具可以承受的温度范围是 −60℃~+230℃。
这套模具包含 1 个心形的硅胶模具和 7 个制作枕头的模具。
尺寸：100 毫米 x 100 毫米 x 30 毫米
总容量：270 毫升

覆盆子奶油

配方：

覆盆子果蓉	350 克
细砂糖	40 克
土豆淀粉	20 克
吉利丁粉	3 克
冷水	18 克

制作过程：

1. 将吉利丁粉放入冷水中，泡发备用。
2. 将覆盆子果蓉加热至 40℃，加入细砂糖和土豆淀粉，混合均匀，煮沸。
3. 离火，加入“步骤 1”，融合，放入冰箱冷藏。

扁桃仁巴巴露亚

配方：

牛奶	220 克
50% 扁桃仁膏	155 克
柠檬皮屑	1 个的量
蛋黄	55 克
吉利丁	10 克
冷水	60 克
意大利苦杏酒	25 克
打发淡奶油	450 克

制作过程：

1. 将牛奶煮沸，加入扁桃仁膏、柠檬皮屑，静置。吉利丁放入冷水中泡软，备用。
2. 过筛，加入蛋黄、意大利苦杏酒和泡好水的吉利丁制作英式蛋奶酱。
3. 在32℃~34℃静置保存，使用前和打发淡奶油混合均匀。

白色喷面

配方：

35% 白巧克力	200 克
可可脂	200 克

制作过程：

1. 将可可脂化开，然后加入白巧克力，备用。

红色淋面

配方：

水	225 克
细砂糖	450 克
葡萄糖浆	450 克
甜炼乳	300 克
吉利丁	30 克
水	180 克
35% 白巧克力	450 克
红色可食用色素	适量

制作过程：

1. 将吉利丁片放入 180 克水中，泡软，备用。
2. 将 225 克水、细砂糖和葡萄糖浆煮沸，加入炼乳，再将吉利丁片沥干水分加入，化开，融合。
3. 将巧克力化开，混合“步骤 2”，加入红色色素。

组合：

1. 将热内亚饼底放入方形圈模中，再将覆盆子奶油倒入其中，至 6 毫米的厚度，速冻。成形取出。
2. 切出一块边长为 8 厘米的正方形形状，作为内馅使用。
3. 在心形模具的内壁抹上一层扁桃仁巴巴露亚，放入内馅，再用巴巴露亚填满模具。
4. 放上脆饼，冷冻成形。
5. 取出脱模，用红色淋面给蛋糕淋面。
6. 在枕头模具中填入扁桃仁巴巴露亚，冷冻。成形后取出。脱模。
7. 在枕头蛋糕上喷上白色喷面，再将心形蛋糕放在中心处，即可。

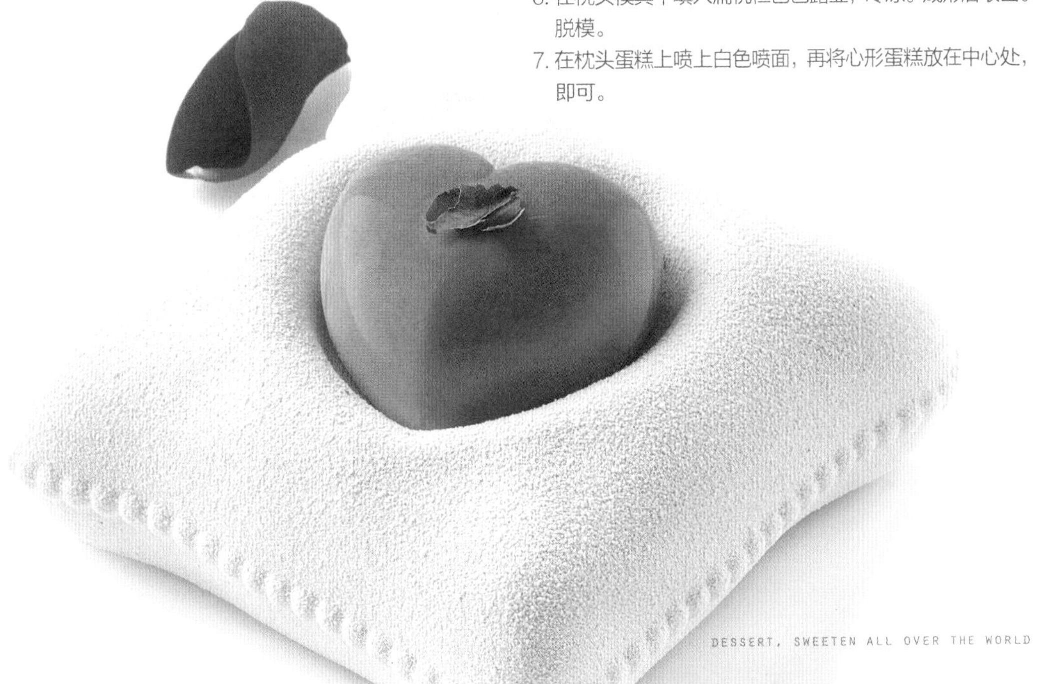

FOUR SEASON PETIT FOUR

四季小甜点

配方由主厨 Giat Setyawan 提供

组成部分：

- **甜酥饼底（自备）**
- **绿茶、草莓、白巧克力、黑巧克力慕斯**
- **白巧克力喷面 + 红色色素**
- **绿茶巧克力淋面**
- **黑巧克力淋面**

绿茶巧克力 / 草莓巧克力 / 黑巧克力 / 白巧克力

配方：

蛋黄	4 个
细砂糖	50 克
鲜牛奶	300 克
绿茶 / 草莓 / 黑巧克力 / 白巧克力	400 克
吉利丁	5 克（用 20 克冷水浸泡）
打发淡奶油	500 克

制作过程：

1. 将蛋黄和细砂糖隔热水打至蓬发；同时将牛奶煮沸，倒入鸡蛋的混合物中，搅拌均匀。
2. 将所用巧克力加热化开，加入“步骤 1”中，混合均匀。
3. 加入泡好水的吉利丁，搅拌均匀。
4. 分三次加入打发好的淡奶油。
5. 倒入硅胶模中，倒满，冷冻。
6. 冻好后脱模，分别喷面或者淋面。
7. 分别放置在甜酥饼底上。

白巧克力喷面 + 红色色素

配方：

白巧克力	100 克
可可脂	25 克
白色色素和红色色素	适量

制作过程：

1. 将白巧克力和可可脂一起化开，在白巧克力喷面中加入白色色素，红色喷面中加入红色色素。
2. 装入喷枪中即可喷面。

黑巧克力 / 绿茶巧克力淋面

配方：

淡奶油	500 克
炼乳	100 克
葡萄糖浆	150 克
吉利丁（用 45 克冷水浸泡）	15 克
黑巧克力 / 绿茶巧克力	500 克

制作过程：

1. 将淡奶油、葡萄糖浆、炼乳煮沸，倒入巧克力中，搅拌均匀。
2. 加入泡好水的吉利丁，搅拌均匀。
3. 冷却备用。

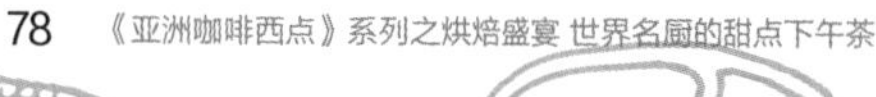

ICE CREAM CAFE
GOURMAND 出人意料的咖啡厅美食

此配方由糕点主厨 Diego Crosara 提供，
用 Silikomart Professional 模具 GEL01 MINI CLASSIC 制作。

黑胡椒焦糖

配方：

淡奶油	100 克
砂糖	100 克
黑胡椒粉	3 克

制作过程：

1. 将砂糖在锅内熬至焦糖化。同时，将淡奶油加热到 60℃。离火后倒入焦糖中，加入黑胡椒粉，冷却。

杜松子打发淡奶油

配方：

淡奶油	250 克
蛋黄	60 克
砂糖	40 克
杜松子	5 克

制作过程：

1. 将淡奶油和杜松子一起煮沸，然后加入提前搅拌好的蛋黄和砂糖。将奶油过筛，温度为 82℃。一冷却后立刻将奶油打发。

覆盆子饼干

配方：

砂糖	100 克
杏仁粉	60 克
面粉	60 克
黄油	90 克
蛋白	200 克
砂糖	40 克
切碎的冷冻覆盆子	80 克

制作过程：

1. 将蛋白和 40 克砂糖一起打发，同时将面粉和杏仁粉混合过筛，加入 100 克砂糖。最后加入 25℃的黄油和切碎的冷冻覆盆子。
2. 倒入硅胶垫上，以 220℃烘烤 5 分钟。

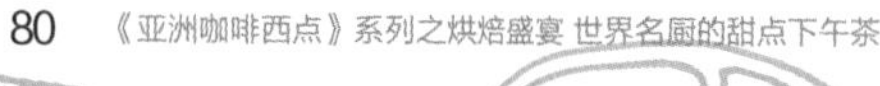

组合：

1. 用滴壶将杜松子打发淡奶油倒一层在 Mini Classic 模具中，入急冻。
2. 冷却后倒入一层黑胡椒焦糖，然后放上覆盆子饼干，入急冻。脱模后表面覆盖上化开的牛奶巧克力。

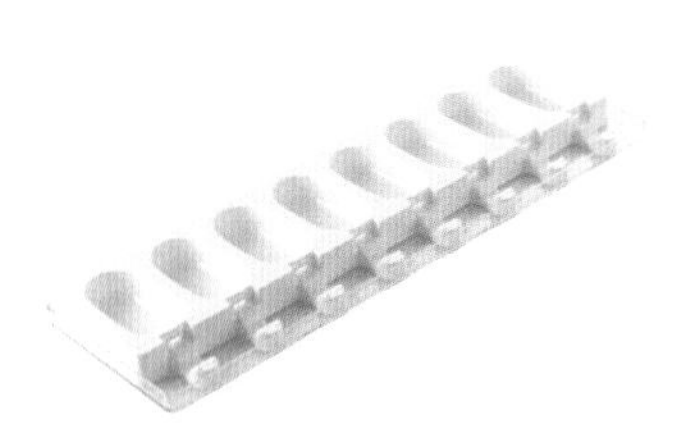

GEL01 MINI CLASSIC 模具可以承受的温度范围是 −60℃ ~ +230℃。
尺寸：69 毫米 x 38 毫米 x 18 毫米
容量：37 毫升

MOJITO AND 莫吉托草莓甜点 STRAWBERRY DESSERT

此配方由甜点主厨 Fabrice Pleinchene 提供，
用 Silikomart Professional 专业模具 VAGUE 制作。

饼干底

配方：

黄油	165 克
细砂糖	145 克
蛋黄	66 克
盐	3 克
面粉	130 克
泡打粉	9 克

制作过程：

1. 将黄油、细砂糖和盐混合成沙粒状，然后加入蛋黄。
2. 加入面粉和泡打粉，搅拌均匀后揉 5 分钟。
3. 入冷藏。擀成 4 毫米厚，切出直径 18 厘米的圆，放入风炉烘烤，以 170℃烘烤 11 分钟。

薄荷蛋白霜

配方：

蛋白	50 克
细砂糖	100 克
薄荷叶	3 克
柠檬酸	适量

制作过程：

1. 先将蛋白打发至硬挺，然后混入细砂糖和切碎的薄荷叶。
2. 在烤盘上放入烤盘纸，用 8 毫米的裱花嘴挤出条状蛋白霜。
3. 在蛋白霜上撒上一些柠檬酸。放入烤箱烘烤，以 80℃烘烤 2 小时。将条状蛋白霜切开至 1 厘米一个，放在干燥处保存。

VAGUE 模具可以承受 -60℃ ~ +230℃的温度。
尺寸：φ200 毫米高 45 毫米
容量：1100 毫升

莫吉托沙冰

配方：

柠檬	4 个
青柠汁	2 个
水	1340 克
红糖	370 克
糖粉	370 克
葡萄糖浆	180 克
细砂糖	60 克
稳定剂	12 克
薄荷叶	24 克
白朗姆酒	100 克
白奶酪	1000 克

前一天

制作过程：

1. 将水、青柠汁、糖（370 克红糖和 370 克糖粉）、柠檬的皮屑、薄荷叶一起混合均匀并加热。
2. 在锅中放入 60 克细砂糖、葡萄糖浆和稳定剂，一边搅拌一边加热至 50℃。开始沸腾就离火，使其快速降温。让薄荷叶放在混合物中过夜。

第二天

制作过程：

1. 将混合物过筛，将其倒入白奶酪和朗姆酒中。搅拌至顺滑的状态。

草莓沙冰

配方：

水	225 克
细砂糖	255 克
葡萄糖浆	130 克
细砂糖	55 克
稳定剂	8 克
转化糖	35 克
草莓果蓉	100 克
柠檬皮屑	1 个

制作过程：

1. 将水、255 克细砂糖和转化糖加热。
2. 将 55 克细砂糖、稳定剂和葡萄糖浆加热至 50℃。将两份混合物一起混合均匀。开始沸腾的时候，倒入草莓果蓉，加入柠檬皮屑，搅拌均匀后静置过夜。然后搅拌至顺滑状态。
3. 将混合物装入裱花袋中，装入直径 16 毫米的裱花嘴，在冷却的铺有油纸的烤盘中挤出一些直径 18 厘米的圆，圆的顶部放上薄荷蛋白霜。入冷冻。

青柠色喷面

配方：

可可脂	100 克
33% 白巧克力	200 克
绿色色淀	适量
黄色色淀	适量

制作过程：

1. 将可可脂和白巧克力一起化开，然后加入色淀，搅拌均匀后过筛。

组合：

1. 在 VAGUE 模具中倒入一层薄薄的莫吉托沙冰，然后加入草莓沙冰和薄荷蛋白霜，再放入一层莫吉托沙冰，然后用饼干底封底。
2. 冷冻大约 1 小时，脱模后喷上青柠色喷面。冷冻保存。

MOJITO AND STRAWBERRY DESSERT

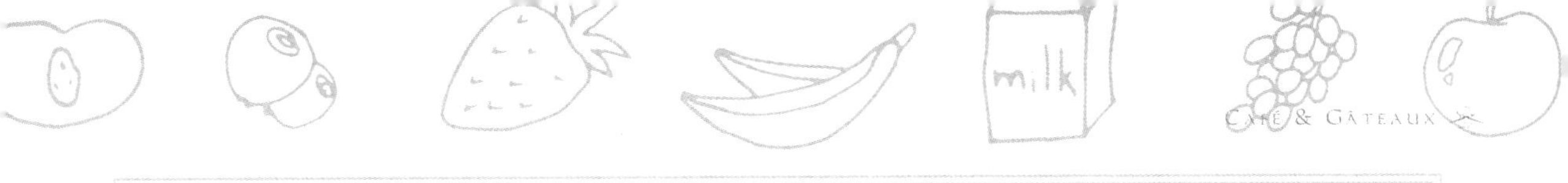

MONT BLANC

意式蒙布朗

配方由世界级甜点师 Jean-Francois Devineau 提供，
用 Silikomart Professional 专业模具 KIT STELLA DEL CIRCO 制作。

烤杏仁蛋白霜

配方：

蛋白	100 克
砂糖	150 克
杏仁粉	60 克

制作过程：

1. 将杏仁粉在 150℃的温度下烘烤 10 分钟左右至其颜色金黄。
2. 将蛋白和砂糖打发成蛋白霜。慢慢加入冷却的烤好的杏仁粉，搅拌均匀。倒入模具 ONE 270 中，3 毫米厚即可。以 150℃烘烤 10~15 分钟。冷却脱模备用。
3. 以同样的配方，同样的方法再制作一份相同的蛋白霜，将两份蛋白霜分开放。

栗子慕斯

配方：

栗子泥	500 克
吉利丁片	9 克
35% 淡奶油	70 克
香草荚	1.5 根
35% 打发淡奶油	400 克

制作过程：

1. 将 70 克的 35% 淡奶油加热，然后加入吉利丁。
2. 加入磨碎的香草荚，和栗子泥一起混合，然后再和 35% 打发淡奶油一起拌匀。

KIT STELLA DEL CIRCO **模具包含如下部分：**

ONE 270/50/50 **毫米，容量** 584 **毫升**

ONE 280/60/70 **毫米，容量** 1000 **毫升**

塑料支撑

SF 172 MINI TRUFFLES

栗子焦糖果酱

配方：

葡萄糖浆	20 克
砂糖	115 克
淡奶油	100 克
黄油	60 克
盐之花	2 克
栗子泥	150 克
吉利丁片	3 克

制作过程：

1. 用葡萄糖浆和砂糖制成焦糖，加入淡奶油。加入吉利丁片。
2. 冷却至 35℃，和软化的黄油混合拌匀。加入盐之花和栗子泥，混合拌匀后备用。

马斯卡彭香草奶油

配方：

35% 淡奶油	400 克
香草荚	3 根
马斯卡彭芝士	100 克
糖粉	50 克

制作过程：

1. 将香草荚和 35% 淡奶油一起加热，加入马斯卡彭芝士和糖粉，冷冻快速降温，然后打发成软质奶油。

白巧克力喷面

配方：

白巧克力	650 克
可可脂	350 克

制作过程：

1. 将可可脂化开，然后加入白巧克力，在 40℃的时候使用。

黑巧克力喷面

配方：

黑巧克力	600 克
可可脂	400 克

制作过程：

1. 将可可脂化开，加入黑巧克力，在 40℃的时候使用。

组合：

1. 在模具ONE 270中倒入3毫米厚的栗子焦糖果酱，冷冻。上面放入马斯卡彭香草奶油，然后放入第一份蛋白霜（提前喷上白巧克力喷面）。冷冻后脱模。
2. 在模具 SF 172 MINI TRUFFLES 中倒入剩下的马斯卡彭和香草奶油至半满。
3. 在模具 ONE 280 中倒入一层栗子慕斯，然后将剩余的慕斯填入 SF 172 MINI TRUFFLES 中。
4. 将模具 ONE 270 脱模后放入模具 ONE 280 中，然后加入第二份蛋白霜。在底部放入模具的塑料支撑部分使其稳定，然后入冷冻。
5. 成型后脱模。将模具 SF 172 MINI TRUFFLES 也脱模。马斯卡彭香草奶油球外面喷上白巧克力喷面。栗子慕斯球外面喷上黑巧克力喷面。
6. 将巧克力球放在甜点的顶部，两种颜色交错分布即可。

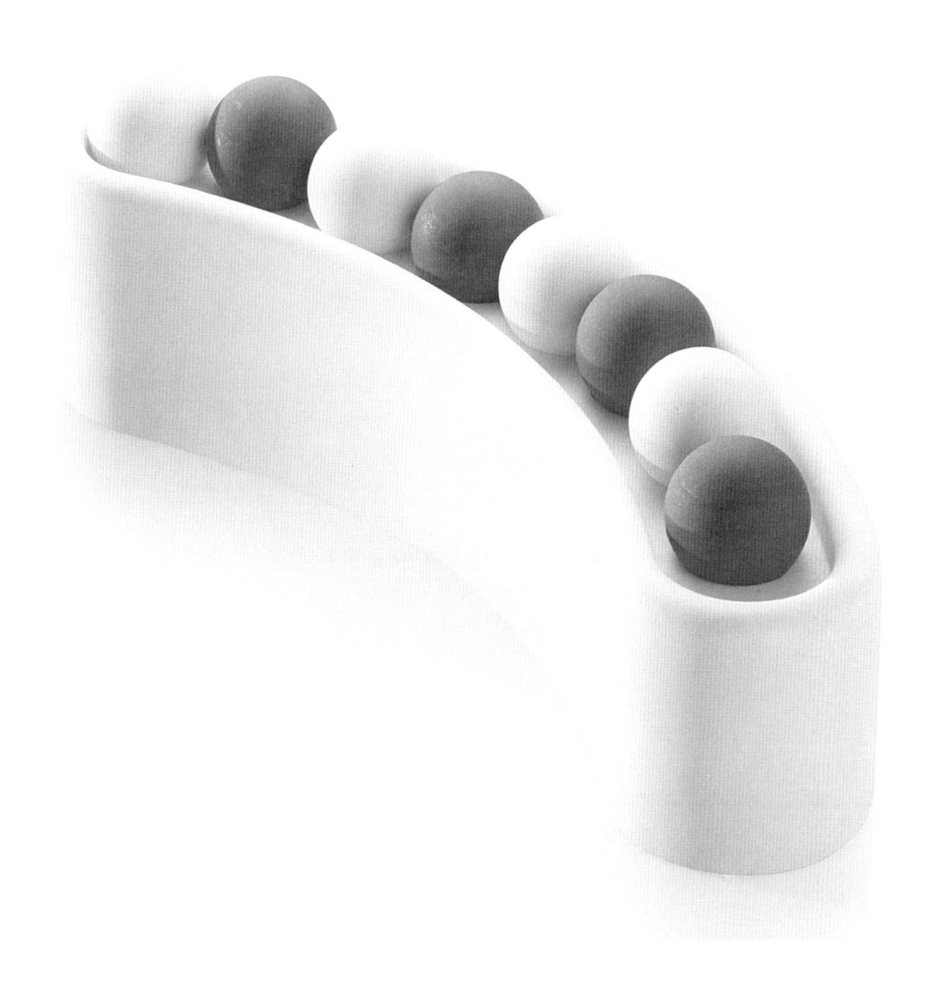

KAASTENGELS

芝士棒

配方由主厨 Igun 提供
照片由 Idcham Rahadian Putra 拍摄。

配方：

黄油	125 克
人造黄油	50 克
蛋黄	2 个
切达干酪	100 克
奶油奶酪	50 克
低筋面粉	220 克
奶粉	20 克

蛋液：

蛋黄	1 个
鲜牛奶	30 克

顶部装饰：

切达干酪	50 克
腰果	5 克

制作过程：

1. 将黄油、人造黄油和蛋黄混合均匀、乳化。
2. 加入切达干酪、奶油奶酪、奶粉和低筋面粉，混合均匀。
3. 将面团擀至 8 毫米厚，切出想要的形状。
4. 刷上蛋液，撒上切达干酪。
5. 放入 125℃的烤箱，烘烤 50 分钟。

PAVLOVA WITH CHEDDAR CREAM CHEESE SPREAD AND STRAWBERRY

帕夫洛娃

配方由主厨 Patrick Siau Chi Yin **提供。**

THE MAGIC PASTRY WITH CREAM CHEESE 奶油奶酪神奇糕点

配方由 Veralya Surjani (Veronica) 提供

面糊

配方：

面粉	1000 克
糖	100 克
全蛋	100 克
盐	10 克
冰水	500 克
折叠黄油	400 克

制作过程：

1. 将干性材料（面粉、糖、盐）混合完全。
2. 加入鸡蛋、冰水，混合揉制成面团后，将面团静置 15 分钟左右。
3. 擀开面团，放入折叠黄油，继续擀制，一共折叠三次。
4. 将面团静置 30 分钟。
5. 将面团擀成 2.5 毫米厚。切成圆形，放入派的模具中。
6. 放入烤箱，200℃烤 20 分钟左右至表面金黄色。
7. 烤好后，在苹果片上挤上奶油奶酪和玫瑰甘纳许，刷上镜面果胶，撒上糖粉。

奶油奶酪馅料

配方：

鲜牛奶	1 升
细砂糖	150 克
玉米面粉	100 克
干酪碎	360 克
香草	1 汤匙

制作过程：

1. 将牛奶和糖煮沸。
2. 加入玉米面粉。
3. 重新加热至煮沸。
4. 加入干酪碎，直至全部溶化。
5. 备用。

苹果玫瑰甘纳许

配方：

苹果	1 千克

制作过程：

1. 苹果洗净，切薄片。
2. 将苹果片放在烤盘上，撒上一些糖粉，烤 5 分钟至苹果变软且可以卷成玫瑰。
3. 备用。

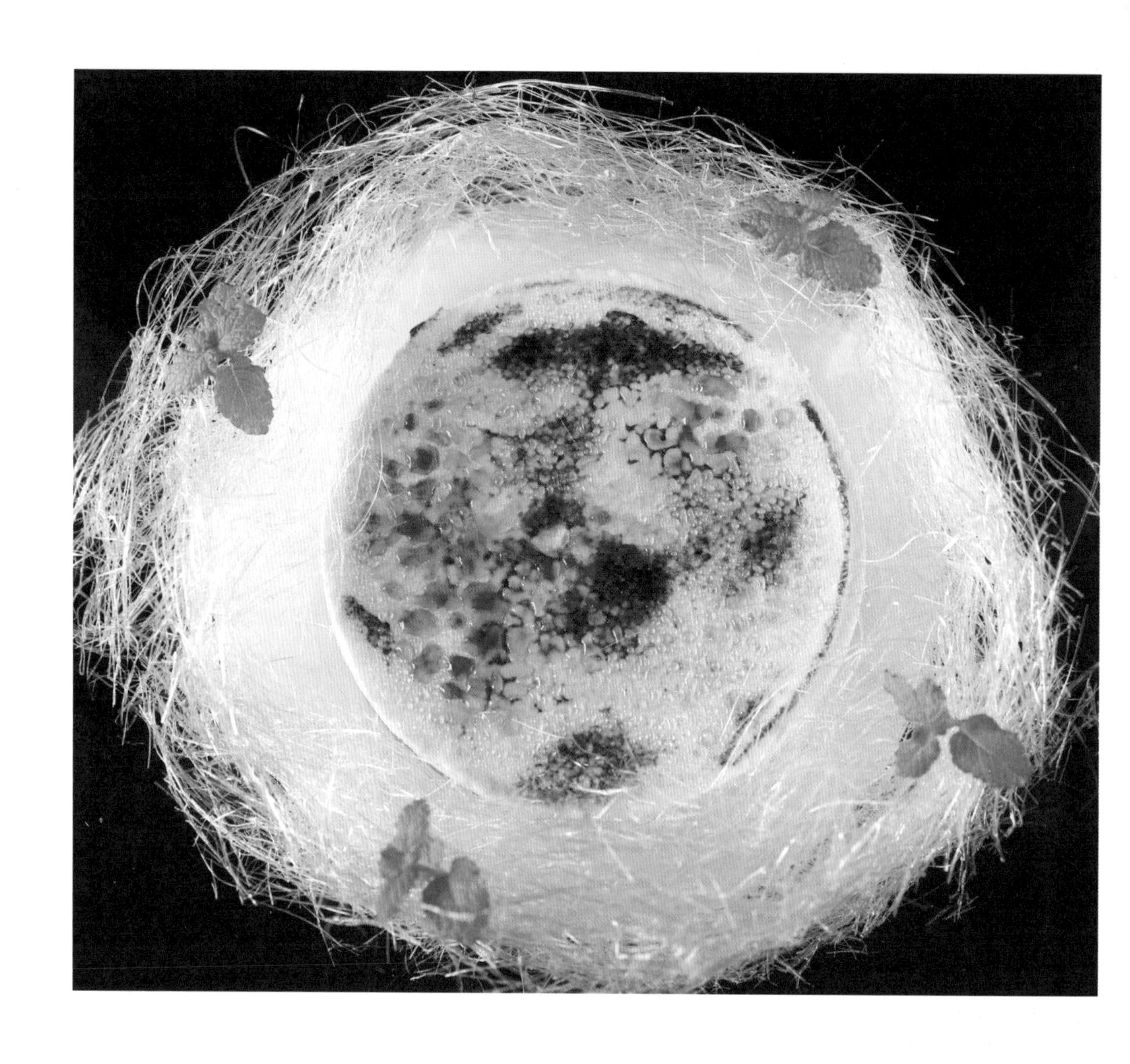

CHIBOUST

吉布斯特塔

maker || 中村勇

1. 甜酥面团

直径 18 厘米高 2 厘米慕斯圈 2 个

黄油	100 克
砂糖	100 克
全蛋	1 个
香草精	少量
低筋粉	200 克

制作过程：

1. 黄油和砂糖一起搅拌。
2. 加入全蛋和少量香草精搅拌；拌匀后加入过筛低筋粉继续搅拌成面团。
3. 冷冻面团，稍微冻硬即可；然后将面团擀成 0.3 厘米厚的面皮。
4. 将面皮放入慕斯圈模中，按压成型，去除多余边角料，急冻。

2. 苹果酱汁

淡奶油	250 克
全蛋	2 个
砂糖	60 克
香草精	少量
苹果	2 个
苹果白兰地	少量
柠檬汁	少量

制作过程：

1. 将 2 个全蛋打发，加入砂糖搅拌后，再加入香草精搅拌。
2. 先加入少量的淡奶油，搅拌混合后再加入剩下的淡奶油拌匀；然后加入 少量的苹果白兰地拌匀。
3. 将2个苹果去皮，刮成丝，加入少量柠檬汁（防止苹果变色），用手拌匀。
4. 酱汁过筛倒入拌好的苹果丝中，拌匀。
5. 将调好的苹果酱汁均匀地倒入冷冻好的甜酥面团中，放入平炉中以上下火 180℃烘烤 40 分钟左右。

3. 吉布斯特奶油

牛奶	250 克
蛋黄	4 个
砂糖	40 克
低筋粉	30 克
吉利丁	20 克
蛋白	60 克
幼砂糖	120 克
水	50 克

制作过程：

1. 蛋黄中加入少量水搅拌，再倒入一半的砂糖在蛋黄里搅拌。
2. 另一半砂糖放入牛奶中一起加热。
3. 低筋粉过筛后加入蛋黄中拌匀，将加热好的牛奶倒入蛋黄中拌匀后过筛，再倒回锅中继续加热。
4. 过筛的面糊汁继续加热，熬成干性面糊状，加入融化的吉利丁拌匀。
5. 蛋白高速打发，水和幼砂糖煮沸至 150℃，倒入打发的蛋白中，拌成硬性蛋白霜；蛋白霜分 2~3 次加入蛋黄糊中。
6. 拌匀后加入烤好的甜酥苹果酱汁中，抹平，冷冻。

4. 组装

1. 慕斯塔上撒上一层细砂糖粉，用火枪将表面喷成焦糖状。
2. 将 80 克水和 250 克砂糖煮到 150℃后加入葡萄糖浆熬煮；准备两把尺子，表面涂抹一层黄油，取 70 克糖浆，拉成糖丝状。
3. 将制作好的糖丝在慕斯塔周围绕一圈。
4. 上面再装饰一些绿色叶子即可。

经典的马卡龙依然是甜点爱好者的最爱，它的由来可追溯至19世纪的杏仁小圆饼，这一款就是向经典致敬。表皮酥脆，内里软绵，不带中空，漂亮的小圆饼，水果的清爽口味让口感更丰富。

FRUIT MACARON

FRUIT MACARON

水果马卡龙

maker || 中村勇

1. 覆盆子马卡龙

配方：	
烤盘	2个
杏仁粉	160克
糖粉	250克
蛋白	150克
幼砂糖	60克
食用色素（红）	少量

制作过程：

1. 蛋白打发，分2次加入砂糖，打发至中性鸡尾状后加点红色色素，调成粉色状继续打发成硬性鸡尾状。
2. 加入过筛的杏仁粉，搅拌均匀。
3. 装入裱花袋中（大圆嘴）；挤出直径5厘米的圆形，震平，晾干15分钟左右使表面干燥即可；将马卡龙放入风炉以170℃烤10分钟左右即可。

2. 卡仕达奶油

配方：	
牛奶	200毫升
蛋黄	2个
幼砂糖	40克
低筋面粉	20克
香草荚	1根
黄油	10克

制作过程：

1. 香草荚对半切开，刮出香草籽，和牛奶一起加热。
2. 蛋黄和糖一起搅拌均匀，再加入低筋面粉一起搅拌均匀。
3. 将1倒入2中，拌匀后倒回锅中煮沸。
4. 加入黄油，拌匀后用保鲜膜包好，冷藏。

3. 开心果慕斯奶油及组装

配方：	
卡仕达奶油	300克
开心果泥	30克
打发淡奶油	150克
樱桃酒	15克

制作过程：

1. 温水软化卡仕达奶油，放入开心果泥，拌匀。
2. 分3次加入打发好的淡奶油，拌匀。
3. 再加入樱桃酒拌匀，即可。
4. 慕斯搅拌好后挤入马卡龙小饼中间，周围挤一圈打发淡奶油。
5. 在奶油四周围一圈覆盆子，中间再挤上奶油。
6. 盖上盖子，撒少许糖粉即可。

NINA TARASOVA

云莓樱桃小甜点

配方由西式糕点主厨 Nina Tarasova 提供，
使用矽莉玛专业模具 Mini Stick Kube 制作。

甜酥面团

细砂糖	25 克
黄油	140 克
熟蛋黄	30 克
白朗姆酒	60 克
盐	1 克
肉桂粉	6 克
杏仁粉	25 克
中筋粉	150 克
泡打粉	1 克

制作过程：

1. 将熟蛋黄冷却，用筛子摩擦过筛。
2. 将黄油、细砂糖、肉桂、蛋黄放在食物料理机打至顺滑，绵软。然后加入干性材料，搅拌均匀。
3. 将面团放在两张油纸中间，擀至0.3~0.5厘米厚。冷却静置12小时。切成4.5厘米的正方形，放入矽莉玛硅胶垫中，冷却静置1小时以上。
4. 入炉以 160℃烘烤 15 分钟。

樱桃果冻

樱桃酱	150 克
柠檬汁	5 克
细砂糖	90 克
吉利丁	10 克

制作过程：

1. 将吉利丁放入冷水中软化。
2. 将樱桃酱和柠檬汁、细砂糖一起加热。离火后锅中加入吉利丁，搅拌溶化。搅拌完全后将果冻装入裱花袋中，放置一边备用。

云莓慕斯

云莓酱	150 克
白巧克力	70 克
打发淡奶油	150 克
吉利丁	10 克

制作过程：

1. 将吉利丁放在冷水中泡软。
2. 将云莓酱煮沸，然后倒入溶化的巧克力中，加入泡软的吉利丁，放入搅拌机搅拌。降温至 30℃，和打发好的鲜奶油一起混合完全。将做好的慕斯倒入裱花袋备用。

组合

1. 将慕斯填入矽莉玛模具 Mini Stick Kube 中，1/3 满即可。
2. 将果冻的裱花袋剪口（直径不超过 1 毫米），将果冻挤在慕斯上，在慕斯上面挤出果冻，像是用注射器注射出来一样。冷冻。
3. 将冻好的慕斯脱模，放在甜酥面团上。表面装饰上 3 滴红色淋面或者果冻。

Mini Stick Kube 模具可以承受的温度为 -60℃ ~ 230℃。
尺寸：20 毫米 × 20 毫米 × 20 毫米
容量：8 毫升 × 15 毫升 = 120 毫升

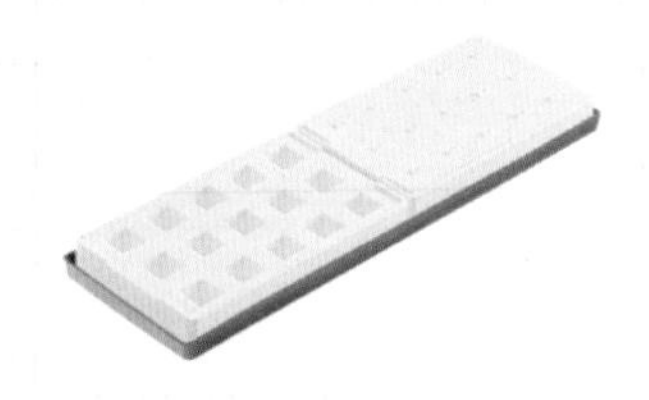

模具使用方式：

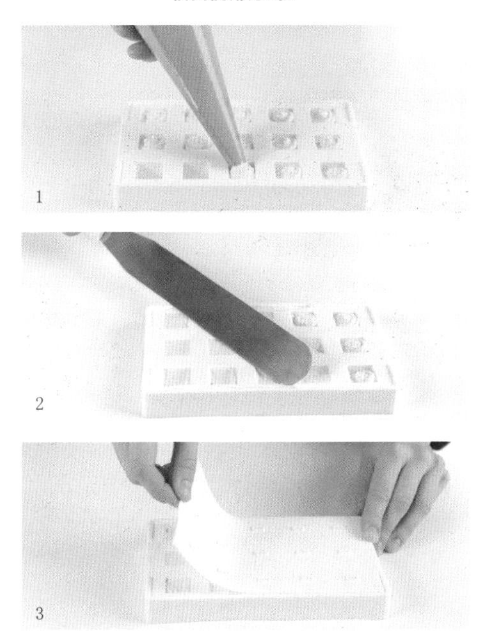

1. 入模 。
2. 抹平 。
3. 将模具第二部分扣在上面。

CHOCOLATE FRUITY TURKISH DELIGHTS

（产量：30份）

巧克力水果软糖

配方由 Rona Kairupan 提供

咖啡牛奶松露

松露配方：

奶油 250 克
考维曲牛奶巧克力 500 克
干咖啡豆 50 克
混合水果皮屑 50 克

淋面材料：

溶化的黑巧克力 20 克
溶化的牛奶巧克力 20 克
混合水果皮屑 10 克

制作过程：

1. 奶油加热，然后倒入考维曲牛奶巧克力，搅拌使其混合均匀，备用。
2. 加入磨碎的咖啡豆和混合水果皮屑，冷却，塑形成椭圆或者原木状（大约 10 个）。
3. 浸入溶化的黑巧克力，冷却成型。
4. 将混合水果皮屑分别和牛奶巧克力、黑巧克力混合成为淋面。

最后组合：

1. 将松露分别浸入两种淋面混合物中，冷却成形。
2. 松露的两头切掉即可。

蔓越莓白松露

松露配方：

奶油 250 克
考维曲白巧克力 500 克
蔓越莓干 100 克
酸奶 20 克
玫瑰粉（按需加入）

淋面材料：

溶化的白巧克力 30 克
开心果碎 10 克
樱桃红（按需加入）

制作过程：

1. 牛奶加热，倒入白巧克力碎和玫瑰粉（按需），混合完全。
2. 加入蔓越莓干和酸奶，冷却，塑形成椭圆或原木状（大约 10 个）。
3. 淋面：将溶化的白巧克力分别倒入两个碗中，一个碗加入樱桃红，一个碗加入开心果碎。

最后组合：

1. 将松露分别浸入两种淋面混合物中，冷却成型。
2. 松露两端切掉即可。

芒果黑松露

松露配方：

奶油 250 克
考维曲白巧克力 500 克
芒果干 100 克
酸奶 20 克
鸡蛋黄（按需加入）

淋面材料：

溶化的白巧克力 20 克
胡萝卜橙（按需加入）
黑巧克力 20 克
碎芒果干 10 克

制作过程：

1. 奶油加热，倒入考维曲白巧克力和鸡蛋黄（按需），混合完全。
2. 加入芒果干和酸奶，塑形成椭圆或原木状（大约 10 个）。
3. 淋面：将胡萝卜橙加入溶化的白巧克力中；碎芒果干加入溶化的黑巧克力中。

最后组合：

1. 将松露分别浸入两种淋面混合物中，冷却成型。
2. 松露两端切掉即可。

TROPICAL PUDDING VERRINES 热带布丁

配方由 Nunung Patimah 提供

食用量：8 杯

草莓布丁 & 覆盆子果冻

覆盆子果冻

覆盆子汁 500克
糖 100克
果冻 5克

制作过程：

1. 覆盆子汁和糖一起加热煮沸，加入果冻，混合完全，继续煮沸。
2. 倒入模具中，放置一边，使其成型。

草莓布丁

吉利丁粉（液体）500克
草莓布丁粉 145克
柚子 250克

制作过程：

1. 将吉利丁粉（液体）和草莓布丁粉混合煮沸，放置一边冷却备用。

组合：

1. 将覆盆子果冻放入玻璃杯中，再放上柚子，倒入草莓布丁，冷却。
2. 果冻布丁做好后，装饰上巧克力、覆盆子果冻和棉花糖。

芒果布丁 & 百香果果冻

芒果布丁

吉利丁粉（液体）500克
芒果布丁粉 140克

制作过程：

1. 将吉利丁粉（液体）和芒果布丁粉混合煮沸，放置一边冷却备用。

百香果果冻

百香果汁 100克
水 200克
糖 50克
果冻 5克
百香果 300克

制作过程：

1. 百香果汁、水、糖一起加热煮沸。
2. 加入果冻，混合完全，继续煮沸；倒入模具中，放置一边，使其成形。

组合：

1. 将百香果和百香果果冻放入玻璃杯中，成型好后，再放入芒果布丁，如此重复六层。
2. 最后，用芒果装饰成花、再装饰上芒果甘纳许、撒上糖粉，装饰上巧克力装饰件。

巧克力布丁 & 金橘果冻

巧克力布丁

吉利丁粉（液体）500克
巧克力布丁粉 165克
可可粉 5克

制作过程：

1. 将吉利丁粉（液体）和巧克力布丁粉一起混合煮沸。
2. 加入可可粉，混合完全，再次煮沸。

金橘果冻

金橘 100克
糖 25克

制作过程：

1. 将糖和金橘加热至焦糖色，放置一边备用。

水 500克
糖 75克
果冻 11克

制作过程：

1. 将糖和水煮沸，加入果冻，持续搅拌至煮沸。

组合：

1. 将金橘和糖的混合物倒入玻璃杯中，然后放入果冻的混合物。
2. 成型后，放入巧克力布丁。
3. 布丁成型后，顶部装饰上玉米片、黑巧克力和巧克力装饰件。

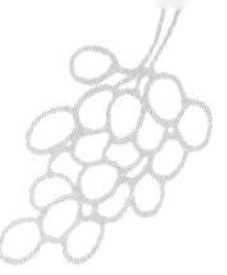

AIRBUS A-380

空中客车 A-380

配方由西班牙糕点主厨Javier Guillen提供，
此作品用Silikomart Professional SF025 Financiers，SF026 Cakes和SF016 Pillow制作。

醋栗面糊

配方：

醋栗果蓉	335 克
糖	335 克
葡萄糖	65 克
糖	45 克
黄色果胶	7 克
稀释的柠檬酸	5 克

制作过程：

1. 将醋栗果蓉和 335 克糖、葡萄糖一起煮沸。
2. 加入果胶和 45 克的糖，煮至 106℃。
3. 加入柠檬酸，倒入 Silikomart Professional SF025 Financiers 中，冷冻 1 小时。

蓝莓慕斯

配方：

吉利丁片	10 克
糖	115 克
蓝莓汁	255 克

制作过程：

1. 将吉利丁片放入冷水中泡软。将蓝莓汁和糖做成糖浆，煮沸。放入冰箱静置一夜。
2. 打发糖浆，以制成慕斯。倒入 Silikomart Professional SF026 Cakes 中。冷冻 1 小时。

Silikomart Professional SF16-PILLOW是意大利制造的符合食品安全标准的硅胶模具。可以承受-60℃到230℃的温度。
尺寸：82×43×32毫米
容量：81毫升

Silikomart Professional SF025 FINANCIERS是意大利制造的符合食品安全标准的硅胶模具。可以承受-60℃到230℃的温度。
尺寸：49×26×11毫米
总容量：20×20毫升

Silikomart Professional SF026 CAKES 是意大利制造的符合食品安全标准的硅胶模具。可以承受-60℃到230℃的温度。
尺寸：79×29×30毫米
总容量：12×70毫升

白色慕斯

英式奶油	360 克
吉利丁	10 克
35% 白巧克力	500 克
35% 淡奶油	540 克

制作过程：

1. 将热的英式奶油和提前混合好的吉利丁、白巧克力一起混合乳化至顺滑、光亮。
2. 加入五成打发的淡奶油，混合搅拌至 40~45℃。

巧克力淋面

35% 淡奶油	450 克
吉利丁	10 克
中性吉利丁	300 克
35% 白巧克力	750 克
白色色素	适量

制作过程：

1. 将吉利丁片放入冷水中浸泡。
2. 溶化白巧克力。
3. 淡奶油煮沸，加入吉利丁。加入中性吉利丁一起混合。慢慢将淡奶油倒入白巧克力中。
4. 用电动打蛋器打发至顺滑光亮。淋面之前加入白色色素。

组合

1. 将白色慕斯倒入 Silikomart Professional SF016 Pillow 中，里面倒入醋栗面糊和蓝莓慕斯。
2. 冷冻后淋面。装饰。

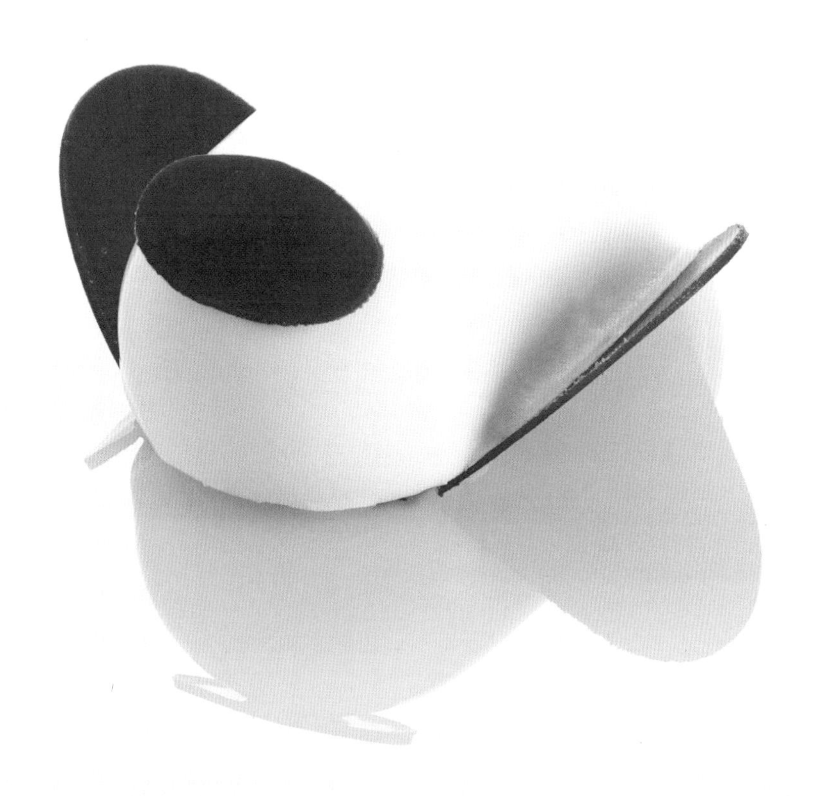

CHOCOLATE DESSERTS
巧克力甜点

配方由主厨 Ludovic Chesnay 提供

无面粉巧克力海绵饼底

糖	200 克
蛋白	190 克
蛋黄	130 克
可可粉	50 克
杏仁粉	50 克

制作过程：

1. 将蛋白和糖打发至硬性发泡，然后加入蛋黄，再加入可可粉和杏仁粉。
2. 烤箱提前预热至210℃，烘烤10分钟。冷却后切成小块（直径16厘米）。

香草香缇奶油

打发淡奶油	440 克
马斯卡彭奶酪	185 克
糖	55 克
樱桃酒	12 克
香草精	适量
吉利丁粉	4 克
水（溶化吉利丁）	20 克
50% 杏仁榛果酱	160 克
黑巧克力	适量

制作过程：

1. 将黑巧克力切成直径16厘米的薄片。
2. 将淡奶油和马斯卡彭奶酪混合，打发，加入糖、樱桃酒和香草精。
3. 加入溶化的吉利丁。在每一个无面粉巧克力海绵饼底上放一块巧克力薄片，然后挤入80克打发的香草奶油。
4. 每个顶部加入20克杏仁榛果酱。冷藏。

黑巧克力慕斯

牛奶	100 克
糖	145 克
蛋黄	130 克
全蛋	110 克
吉利丁粉	16 克
水（溶化吉利丁）	80 克
63% 考维曲黑巧克力	500 克
淡奶油	200 克
打发淡奶油	750 克

制作过程：

1. 将牛奶和糖煮沸，加入全蛋和蛋黄。加热至70℃，搅拌，制作炸弹面糊。
2. 将淡奶油煮沸，倒入巧克力中。
3. 当混合物达到50℃时，加入溶化的吉利丁，搅拌。加入打发好的淡奶油，搅拌。再加入炸弹面糊，搅拌混合完全。

脆皮酥饼

糖	610 克
黄油	610 克
盐	6 克
香草精	4 克
杏仁片	450 克
面粉	125 克

制作过程：

1. 将所有的原料混合，擀薄。
2. 烤箱预热至175℃，烘烤15分钟。

黑巧克力淋面

水	300 克
糖	65 克
果胶粉	5 克
山梨糖醇	20 克
葡萄糖浆	200 克
转化糖	50 克
打发淡奶油	100 克
吉利丁粉（和冷水溶化）	20 克
黑巧克力	300 克
白巧克力	50 克
黄原胶	1 克
糖	65 克

制作过程：

1. 将水加热，加入糖和果胶粉。煮沸后加入山梨糖醇、葡萄糖浆和转化糖。煮沸后加入淡奶油、溶化的吉利丁和巧克力。
2. 将黄原胶和糖混合过筛，在36℃的时候使用。

组合

1. 模具中填入慕斯。
2. 放上香草香缇奶油。
3. 淋上黑巧克力淋面，放上脆皮酥饼。

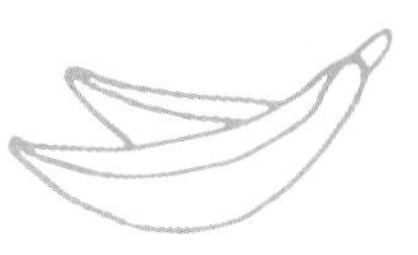

MINI 松露三重奏 TRUFFLES——MENGUY

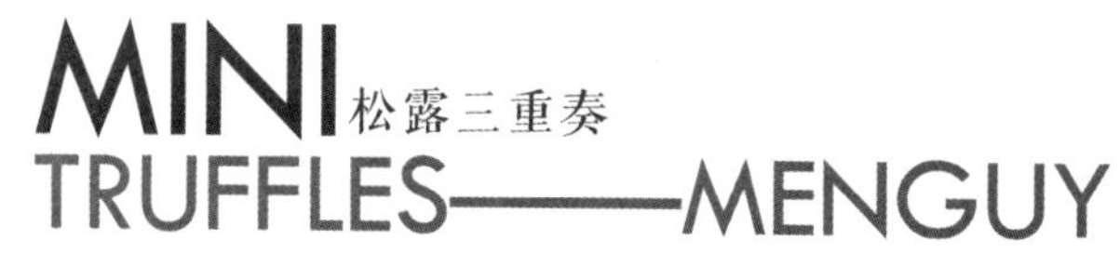

配方由甜点主厨 Yann Menguy 制作，
用 Silikomart Prodessional 模具 MINI TRUFFLES 制作。

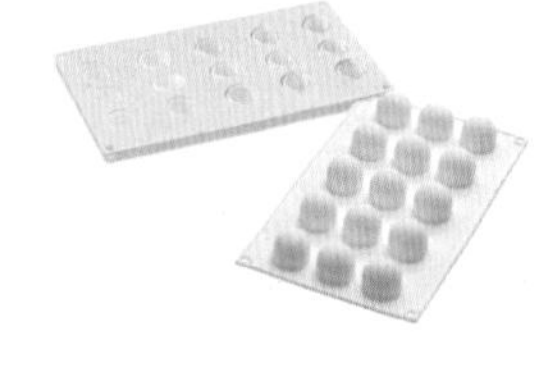

MINI TRUFFLES 模具可以承受 -60℃～+230℃ 的温度。
尺寸：直径 32 毫米，28 毫米（高）
容量：20 毫升

茉莉象牙白松露

用杏子白甘纳许淋面

配方：

砂糖	43 克
葡萄糖粉	5.4 克
水	22 克
杏子酱	110 克
柠檬汁	5.4 克
白色考维曲巧克力	70 克
黄油	22 克

制作过程：

1. 将水、葡萄糖粉、砂糖煮至 104℃。
2. 加入杏子酱和柠檬汁。将混合物倒入白巧克力中，然后倒入食物料理机中。在 45℃的时候加入黄油。
3. 倒入硅胶模具 MINI TRUFFLE 里面，速冻。

黑莓茶黑松露

用巧克力甘纳许淋面

配方：

覆盆子果蓉	56 克
黑莓茶	11 克
35% 淡奶油	140 克
黑巧克力	140 克
转化糖	25 克
黄油	28 克

制作过程：

1. 将淡奶油和黑莓茶、覆盆子果蓉、转化糖一起煮沸。
2. 将混合物倒入黑巧克力中，倒入食物料理机中。在 45℃时加入黄油。
3. 倒入硅胶模具 MINI TRUFFLE 中，速冻。

巧克力甘纳许

配方：

可可粉	2.9 克
水	17 克
35% 淡奶油	47 克
砂糖	29 克
考维曲黑巧克力	23 克
可可酱	2.9 克
中性镜面果胶	26 克
吉利丁溶液	10 克

制作过程：

1. 将水、可可粉、淡奶油和砂糖一起煮沸。
2. 将混合物倒入黑巧克力和可可酱中，加入中性镜面果胶。混合后加入吉利丁溶液搅拌均匀。黑莓茶黑松露一脱模以后就用其来装饰。

牛奶巧克力松露
用焦糖巧克力甘纳许淋面

配方：

35% 淡奶油	160 克
经典速溶咖啡	13 克
砂糖	63 克
扁桃仁榛子酱	50 克
葡萄糖浆	38 克
考维曲黑巧克力	38 克
考维曲牛奶巧克力	31 克

制作过程：

1. 将淡奶油、速溶咖啡、葡萄糖浆和砂糖煮沸。
2. 将混合物倒入两种巧克力中，加入扁桃仁榛子酱搅拌均匀。然后制作甘纳许。倒入硅胶模具 Mini Truffle 中，速冻。

焦糖巧克力甘纳许

配方：

砂糖	48 克
35% 淡奶油	48 克
30℃糖浆	14 克
考维曲黑巧克力	20 克
考维曲白巧克力	15 克
可可脂	2.5 克
吉利丁溶液	11 克
盐之花	0.5 克

制作过程：

1. 将砂糖熬至焦糖，倒入淡奶油和糖浆中。
2. 然后倒入两种巧克力中。加入可可脂、盐之花和吉利丁溶液搅拌均匀。牛奶巧克力松露一脱模就立即用其装饰。

苹果玫瑰

配方由 SINAR MEADOW 提供

材料 A

高筋面粉	800 克
中筋面粉	200 克
糖	30 克
盐	20 克
绿茶粉	25 克
稀释绿茶粉的水	50 克

材料 B

全蛋	50 克
冰水	350 克

材料 C

黄油	100 克

材料 D

酥油	500 克

材料 E

红富士苹果，切薄片

金橘果酱

制作过程：

1. 将材料 A 混合均匀。
2. 加入材料 B 和材料 C，混合均匀。
3. 加入材料 D，混合均匀。
4. 包上保鲜膜，静置 30 分钟。
5. 静置后，将面团对折两次。
6. 静置 15 分钟，再对折两次。
7. 将面团静置 30 分钟，擀至 1.5 毫米厚。
8. 将面团切成 3 厘米 ×35 厘米，将金橘果酱抹在上面。将切好的苹果片排放在中间，从一头向另一头卷起。
9. 放入马芬模具中，以 190℃烘烤。
10. 冷却，刷上镜面果胶。

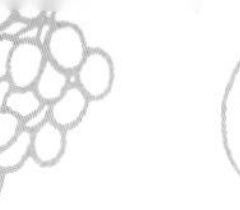

AMORINI

爱神丘比特

配方由糕点主厨 Paul Occhipinti **提供，**
用 Silikomart Professional **模具** AMORINI **制作。**

巧克力饼干

配方：

蛋黄	180 克
糖	150 克
蛋白	225 克
糖	75 克
面粉	75 克
糖粉	32 克
可可粉	75 克

制作过程：

1. 将蛋黄和糖煮沸。将蛋白和糖打发。加入糖粉、可可粉和面粉。以 170℃烘烤 7 分钟。

青柠巧克力奶油

配方：

淡奶油	335 克
柠檬皮屑	3 个
香草荚	半根
糖	33 克
法芙娜黑巧克力	87 克
蛋黄	83 克
吉利丁	4 克
水	20 克

制作过程：

1. 将除蛋黄和吉利丁以外的所有材料一起煮沸。将混合物倒入蛋黄中，混合，然后加入吉利丁。

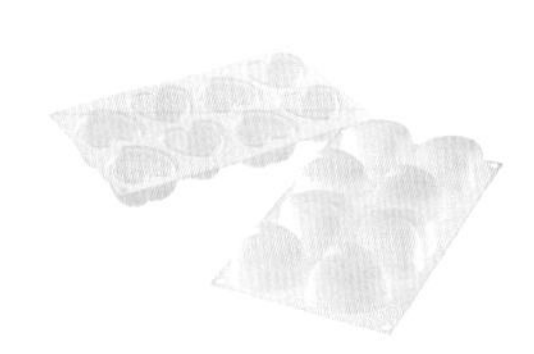

AMORINI 模具可以承受的温度范围是 −60℃ ~ +230℃。
尺寸：63 毫米 ×65 毫米 ×39 毫米
容量：96 毫升

黑莓啫喱

配方：

樱桃果肉	100 克
黑莓	80 克
青柠汁	10 克
红色色素	适量
糖	25 克
NH 果胶	3 克

制作过程：

1. 将樱桃果肉、黑莓、青柠汁和红色色素加热至70℃，搅拌混合完全。加入糖和果胶，再煮 2 分钟。

马达加斯加慕斯

配方：

淡奶油	230 克
糖	85 克
转化糖	30 克
蛋黄	230 克
未完全溶化的考维曲黑巧克力	430 克
五分打发的淡奶油	775 克

制作过程：

1. 用淡奶油、糖、蛋黄和转化糖制作 82℃的英式奶油酱汁。然后将其倒入未完全化开的考维曲黑巧克力和五分打发的淡奶油中。

红色喷面

配方：

中性镜面果胶	440 克
水	40 克
黑色色素	适量
红色色素	适量

制作过程：

1. 将所有材料煮沸，搅拌均匀，在温度降到 80℃的时候使用。

组合：

1. 准备好 AMORINI 模具，填入青柠巧克力奶油，然后放一层薄薄的黑莓啫喱和马达加斯加慕斯。最后喷上红色喷面，放置在巧克力饼干上。

大溪地之吻

TAHITI KISS

Maker || 顾海鹰　　摄影 || 刘力畅

入口的甜，回味的一点点辣，加上脆片的酥脆，榛子蛋糕的绵密，在口腔中融合，一开始感觉有点怪怪的，但是咽下后又想着吃第二口、第三、第四……怎么都停不下来。

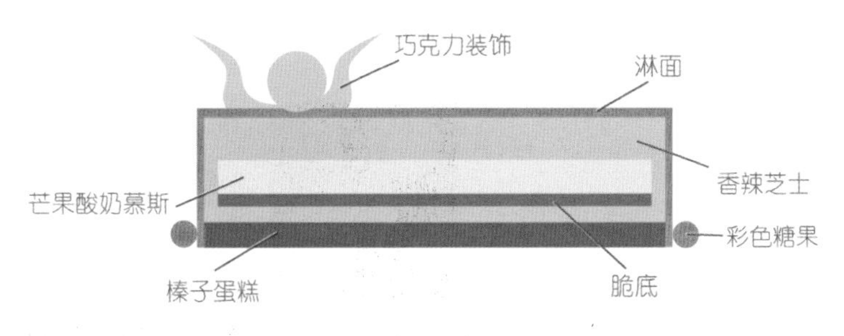

– 切面示意图 –

榛子蛋糕

配方：

全蛋	605 克	可可粉	16.5 克
糖粉	357.5 克	蛋清	495 克
榛子粉	357.5 克	幼砂糖	203.5 克
低筋面粉	247.5 克	黄油（化开）	137.5 克

制作过程：

1. 将烤箱预热至 180℃。
2. 在全蛋中加入糖粉，一起打发至有明显的纹路。
3. 将榛子粉、低筋面粉、可可粉一起过筛，放入盆中。
4. 将打发好的蛋液慢慢倒入面粉中，拌匀。
5. 加入化开的黄油，拌匀。
6. 将蛋清打发，糖分三次加入，一起打至硬性发泡。
7. 取打发蛋清中的一部分与“步骤 5”混合均匀，再与剩下的蛋清完全混合。
8. 最后倒入烤盘中，抹平，烤制 12 分钟左右。

脆底

配方：

牛奶巧克力	165 克
可可脂	137.5 克
甜面团碎	440 克
榛子碎	110 克
卜卜米	110 克

制作过程：

1. 把可可脂加热化开，离火。
2. 加入牛奶巧克力拌匀，至完全化开。
3. 加入剩余原料拌匀，成固态混合物。用擀面杖将混合物擀至 3 毫米 ~4 毫米左右的厚度，放入冰箱冷藏。凝固后取出，用模具刻出需要的形状。

芒果酸奶慕斯

配方：

芒果果蓉	627 克	柠檬汁	55 克
幼砂糖	313.5 克	香草棒	3 根
阿拉伯糖	16.5 克	吉利丁	82.5 克
酸奶	770 克	淡奶油	1375 克

制作过程：

1. 将吉利丁片放入冰水中泡软，备用。
2. 把芒果果蓉、幼砂糖、阿拉伯糖、柠檬汁和香草棒放入锅中拌匀，烧热。
3. 将吉利丁片沥干水，与“步骤 2”混合，化开后拌匀，冷却。
4. 加入酸奶，拌匀，过滤。
5. 将淡奶油打发，与“步骤 4”混合，拌匀。
6. 将“步骤 5”装入裱花袋中，在之前冻好的香辣芝士里层挤一圈，做夹心。
7. 在慕斯上面加上一圈香辣芝士，再进行其他组合。

香辣芝士

配方：

奶油芝士	385 克
香辣椒籽	55 克
辣椒粉	5.5 克
全蛋	412.5 克
幼砂糖	275 克
阿拉伯糖	16.5 克
牛奶	275 克
吉利丁片	55 克
淡奶油	825 克
香草棒	3 根

制作过程：

1. 将吉利丁片放入冰水中泡软，备用。
2. 用小刀将香草棒刨开，取出中间的香草籽，与幼砂糖拌匀。
3. 在“步骤 2”中加入阿拉伯糖、全蛋和牛奶，一起隔水加热。用电动打蛋器将其快速打匀，直至液体混合物温度达到 82℃。
4. 加入香辣椒籽和辣椒粉，拌匀离火。
5. 加入室温软化的奶油芝士，用电动打蛋器打匀。
6. 将备用的吉利丁片沥干水分，放入“步骤 5”中，化开后搅打均匀。
7. 将淡奶油打发，与“步骤 6”混合均匀，装入裱花袋中。
8. 将“步骤 7”挤入需要的模具中，并用抹刀带起芝士液至铺满整个内壁。放入冰箱冷冻。

淋　面

配方：

牛奶	165 克
水	165 克
幼砂糖	550 克
葡萄糖浆	467.5 克
吉利丁片	55 克
冰水	275 克
炼乳	412.5 克
白色素	适量

制作过程：

1. 将吉利丁片放在冰水中，泡软备用。
2. 把牛奶、水、幼砂糖、葡萄糖浆倒入锅中煮沸，离火。
3. 在“步骤 2”中加入炼乳，拌匀，再加白色素调色。
4. 用手持料理棒将“步骤 3”打匀。
5. 将泡软的吉利丁片沥干水分，放入“步骤 4”中化开。
6. 将液体混合物静置消泡。

小贴士：

加入橙色色素即为橙色淋面。

组合：

1. 在挤好香辣芝士的蛋糕上铺一层脆片。
2. 脆片上抹薄薄的一层香辣芝士，再盖上榛子蛋糕封底，入冰箱冷冻成形。
3. 脱模后，将蛋糕放在置物架上，做淋面装饰。

1

2

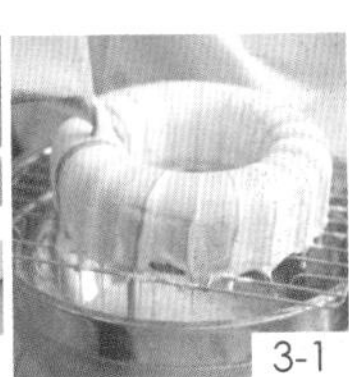
3-1

3-2

小贴士：

1. 在环形模内挤入香辣芝士后，要用抹刀带起芝士液将内壁铺满，同时保持内侧的平整。稍稍冷冻后，再挤入芒果酸奶慕斯，这样做出来的蛋糕切面才会漂亮。

2. 芝士要放在零下 30℃以下的环境里冷冻，出模后表面才能光滑无痕，淋出来的蛋糕才完美。

皇家大蛋糕

ROYAL CAKE

Maker || 顾海鹰　**摄影** || 刘力畅

一款重口味蛋糕来袭，你准备好了吗？这款蛋糕中加入了大量的香料，茴香味浓且馥郁迷人，口感不同寻常，余味悠长。甜品也可以让你在恍惚间感受红烧肉的香气。

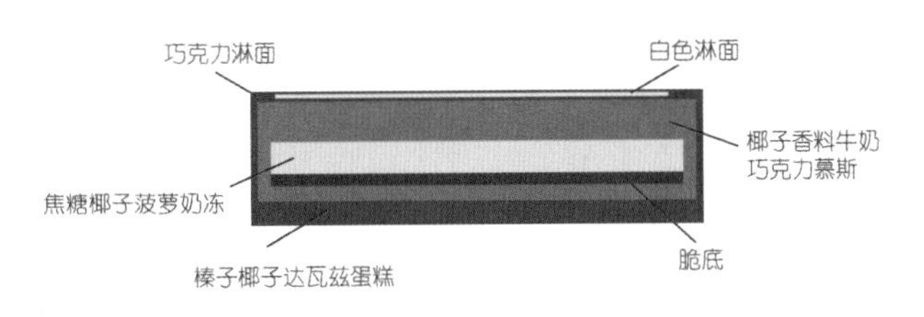

– 切面示意图 –

榛子椰子达瓦兹蛋糕

配方：

椰子粉	220 克
榛子粉	220 克
低筋面粉	27.5 克
糖粉	385 克
蛋清	880 克
幼砂糖	247.5 克
黄油（化开）	137.5 克

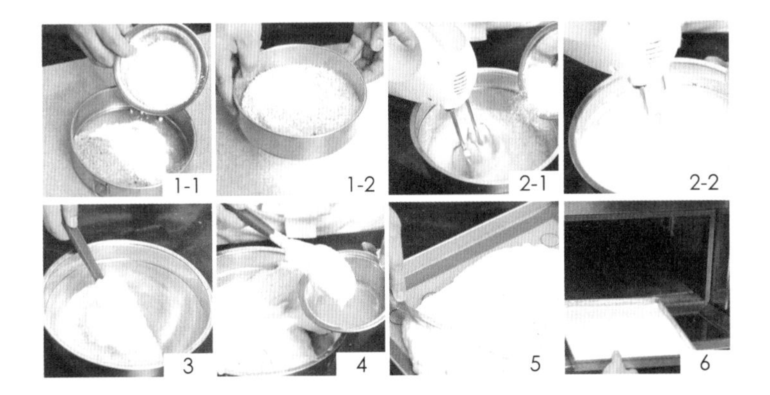

制作过程：

1. 将烤箱预热至 180℃；粉类过筛，拌匀。
2. 将蛋清打发，分三次加入糖粉，一起打到硬性发泡。
3. 在“步骤 2”中取部分与粉类混合，翻拌均匀后，再与剩余的全部混合。
4. 加入化开的黄油拌匀。
5. 将“步骤 4”倒入烤盘中，用抹刀抹平，入烤箱烤制 10 分钟 ~12 分钟。
6. 出炉后，用慕斯圈刻出要用的形状。

脆底

配方：

松仁	55 克
卜卜米	165 克
黄油薄脆片	165 克
白巧克力	330 克

制作过程：

1. 将白巧克力加热化开，再加入所有原料拌匀。
2. 在烤纸上将“步骤 1”擀平，至 3 毫米~4 毫米厚。入冰箱冷藏，凝固后用模具刻出需要的形状 。

焦糖椰子菠萝奶冻

配方：

原料	用量	原料	用量
幼砂糖	385 克	吉利丁片	82.5 克
红糖	110 克	冰水	412.5 克
八角	10 克	菠萝	1100 克
水	适量	打发淡奶油	550 克
淡奶油	550 克	茴香酒	27.5 克
椰奶	275 克		

制作过程：

1. 将吉利丁片放在冰水中泡软。
2. 将幼砂糖、八角和适量的水一起煮成焦糖，加入菠萝块炒软。
3. 加入红糖继续翻炒一会。
4. 加入温热的淡奶油拌匀。
5. 将八角挑出，用粉碎机将其余的混合物打成泥。
6. 将吉利丁片沥干水分，加入“步骤 5”中化开融合。
7. 再加入椰奶拌匀。
8. 加入茴香酒拌匀。
9. 最后加入打发的淡奶油拌匀。
10. 倒入模具中，放入冰箱冷冻，备用。

淋面（白色）

配方：

镜面果胶	220 克
水	55 克
白色素	适量

制作过程：

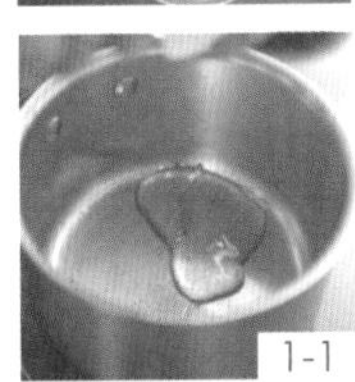

1-1

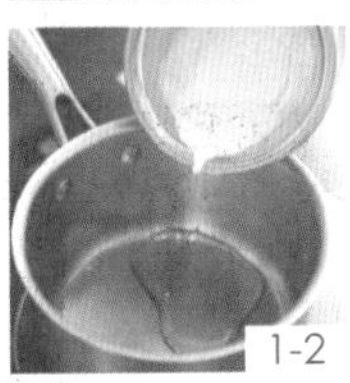

1-2

1. 所有原料一起加热，使原料化开，拌匀至无颗粒，期间保持整体温度在45℃左右。

椰子香料牛奶巧克力慕斯

配方：

椰子果蓉	550 克
香草棒	半根
吉利丁片	55 克
冰水	275 克
33% 牛奶巧克力	748 克
蛋黄	330 克
幼砂糖	220 克
水	适量
打发淡奶油	990 克
茴香酒	55 克

制作过程：

1. 将吉利丁片放在冰水中泡软。
2. 将香草棒对切刨开，取出香草籽，与幼砂糖、适量的水一起熬煮。同时打发蛋黄。当糖浆熬煮到 118℃时，冲入蛋黄中，继续打发。
3. 在“步骤 2”继续打发期间，将吉利丁片沥干水分，加入其中化开，拌匀。
4. 加入椰子果蓉拌匀。
5. 加入融化的牛奶巧克力拌匀。
6. 加入茴香酒拌匀。
7. 加入打发的淡奶油，用刮刀拌匀，再倒入模具中，放入冰箱冷冻。

淋 面

配方：

牛奶	550 克
淡奶油	330 克
葡萄糖	467.5 克
黑巧克力	605 克
吉利丁片	27.5 克
红色素	适量

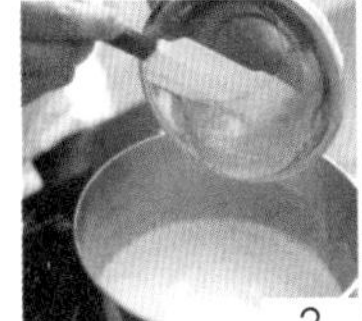
2

3

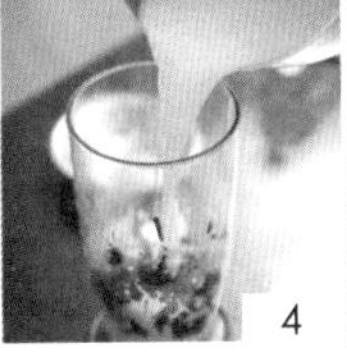
4

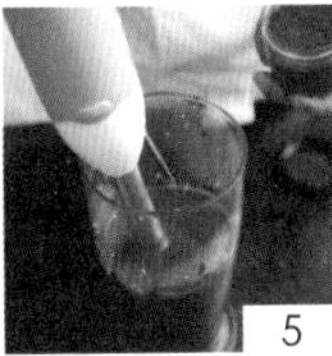
5

制作过程：

1. 将吉利丁片放入冰水中泡软。
2. 把牛奶、淡奶油和葡萄糖浆放入锅中煮沸，离火。
3. 将吉利丁片沥干水分，加入“步骤 2”中，化开拌匀。
4. 将“步骤 3”倒入黑巧克力中，静置 2 分钟 ~3 分钟。
5. 加入红色素，用手持料理棒打匀，静置到消泡使用。

组合：

1. 先将模具底部挤满椰子香料巧克力慕斯，稍稍冷藏凝固后，在上面放上冻好的焦糖椰子菠萝奶冻。
2. 在焦糖椰子菠萝奶冻顶部上面挤上一些慕斯浆料，再放上事先刻好的脆底。
3. 盖上另半个模具。
4. 把剩余的慕斯挤入模具中，至九分满。
5. 在顶部盖上刻好的榛子蛋糕坯，放入冰箱冷冻成形。
6. 脱模后，将蛋糕放在置物架上，淋上黑色淋面，趁黑色淋面未凝固时，将白色淋面用裱花袋挤到抹刀上，再将抹刀轻轻地从顶部带过去，表面凝固之后装饰上皇冠巧克力配件即可。

小贴士：

1. 在圆形模内挤入慕斯后，一定要用抹刀带起慕斯把模具内壁铺满，同时保持内侧的平整，稍冻后再放入之前冻好的奶冻，这样做出来的蛋糕切面才会漂亮。

2. 盖上最后一块榛子蛋糕坯后，要轻轻往下压一下，让蛋糕与模具高度齐平，这样做出来的蛋糕才平整。

深情的锡兰菲尔

CEYLON PHIL SOULFUL

Maker || 顾海鹰　　**摄影** || 刘力畅

这是一款带有异域风情的蛋糕。把来自斯里兰卡的果味红茶加入了蛋糕中，使原本甜腻的蛋糕多了一股清馨的果味，两种美味的结合，入口后在口腔里交相环绕，让人仿佛置身于欧洲早期贵族那美妙的下午茶时间——英伯伦的果味红茶与美味小西点的结合。

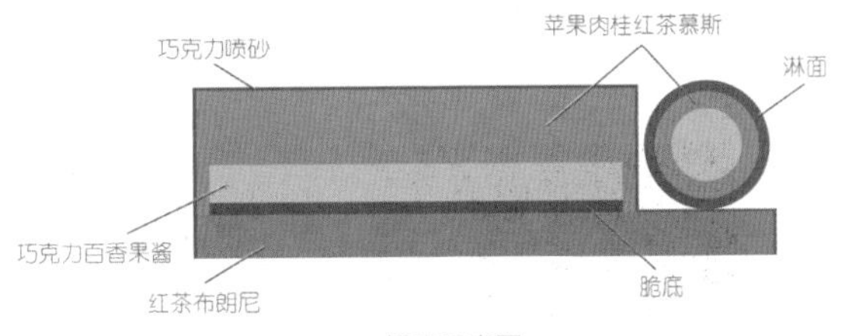

– 切面示意图 –

红茶布朗尼

配方：

全蛋	660 克
幼砂糖	742.5 克
72% 黑巧克力	858 克
黄油	742.5 克
低筋面粉	247.5 克
苹果肉桂红茶	20 包
泡打粉	22 克

制作过程：

1. 在全蛋中加入幼砂糖一起打发，至幼砂糖完全化开即可。
2. 粉类和红茶一起过筛，加入“步骤 1”中，翻拌均匀。
3. 黄油加热化开，加入巧克力化开，搅拌至无颗粒。
4. “步骤 2”与“步骤 3”混合均匀。
5. 将混合物倒入烤盘中，用抹刀抹平，入烤箱，以上火 180℃、下火 160℃烤制 15 分钟左右。

脆 底

配方：

松仁	55 克
卜卜米	165 克
黄油薄脆	165 克
白巧克力	330 克

制作过程：

1. 将白巧克力加热化开，再加入所有原料拌匀。
2. 在烤纸上将“步骤 1”擀平，至 3 毫米~4 毫米厚。入冰箱冷藏，凝固后用模具刻出需要的形状 。

淋 面

配方：

牛奶	550 克
淡奶油	330 克
葡萄糖浆	467.5 克
黑巧克力	605 克
吉利丁	27.5 克
红色素	适量

制作过程：

1. 将吉利丁片放在冰水中泡软。将牛奶、淡奶油、葡萄糖浆一起放入锅中煮沸，离火。
2. 把吉利丁沥干水分，加入牛奶混合物中化开，搅拌均匀。
3. 倒入黑巧克力中静置 2 分钟 ~3 分钟。
4. 加入红色素，用手持料理棒将液体打匀，静置到消泡使用。

苹果肉桂红茶慕斯

配方：

苹果肉桂红茶包	99 克
牛奶	825 克
牛奶巧克力	660 克
幼砂糖	275 克
蛋黄	396 克
吉利丁片	55 克
冰水	275 克
打发淡奶油	1650 克

制作过程：

1. 将吉利丁片放入冰水中泡软。取 150 克牛奶入锅煮沸，加入苹果肉桂红茶包一起闷 3 分钟。过滤掉茶叶，留奶液。
2. 在奶液中加入幼砂糖和蛋黄，一起隔水加热，打发，至混合物温度达到 82℃。
3. 将吉利丁片沥干水分，加入“步骤 2”中化开，搅拌均匀。
4. 倒入牛奶巧克力中拌匀，至无颗粒完全化开。
5. 加入打发的淡奶油拌匀。
6. 挤入模具中，入冰箱冷冻。

巧克力百香果酱

配方：

百香果果蓉	660 克
葡萄糖浆	82.5 克
白巧克力	990 克
淡奶油	110 克
吉利丁片	33 克
冰水	165 克
软黄油	99 克

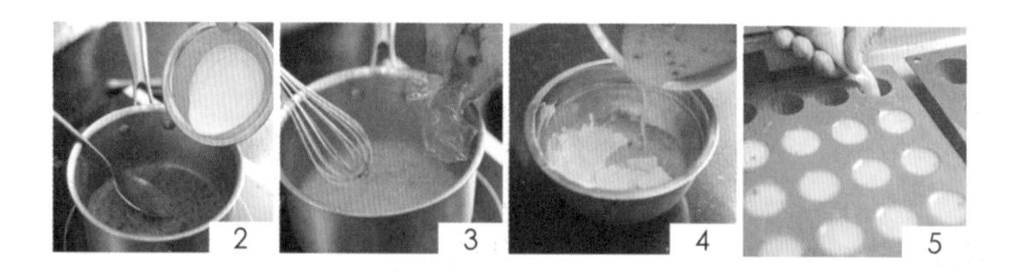

制作过程：

1. 将吉利丁片放入冰水中泡软。百香果果蓉和葡萄糖浆一起入锅，煮沸。
2. 加淡奶油拌匀。
3. 加入沥干水分的吉利丁片，化开拌匀。
4. 将“步骤 3”倒入白巧克力和黄油中，搅拌至巧克力完全化开。
5. 挤入模具中，放入冰箱冷冻，备用。

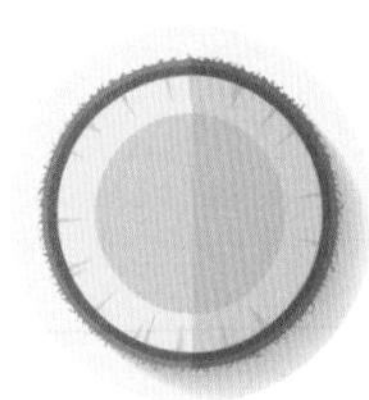

小贴士：

1. 方形慕斯在和布朗尼叠加时有两边一定要直角对齐，不平整的地方可以用剩余的慕斯把它抹平，这样喷出来的蛋糕才完整漂亮。
2. 在做球形慕斯时，每半个球都要抹得平整，那样黏合成整个球形时才完美无痕。

组合：

1. 脆底放在模具中，在上面挤上一层苹果肉桂红茶慕斯稍冻一下，至凝固即可。
2. 再盖上一层冻好的巧克力百香果酱。
3. 在巧克力百香果酱上面挤一层苹果肉桂红茶慕斯抹平，入冰箱冷冻。
4. 在球形模具中挤少许苹果肉桂红茶慕斯，夹一块巧克力百香果酱，再用慕斯填平，用抹刀抹平后入冰箱冷冻。
5. 冻好的方形慕斯出模，叠在布朗尼蛋糕上，喷面。
6. 半球形慕斯成对组成球体，每个蘸上淋面。
7. 依次将球形慕斯排在布朗尼蛋糕周围一圈。

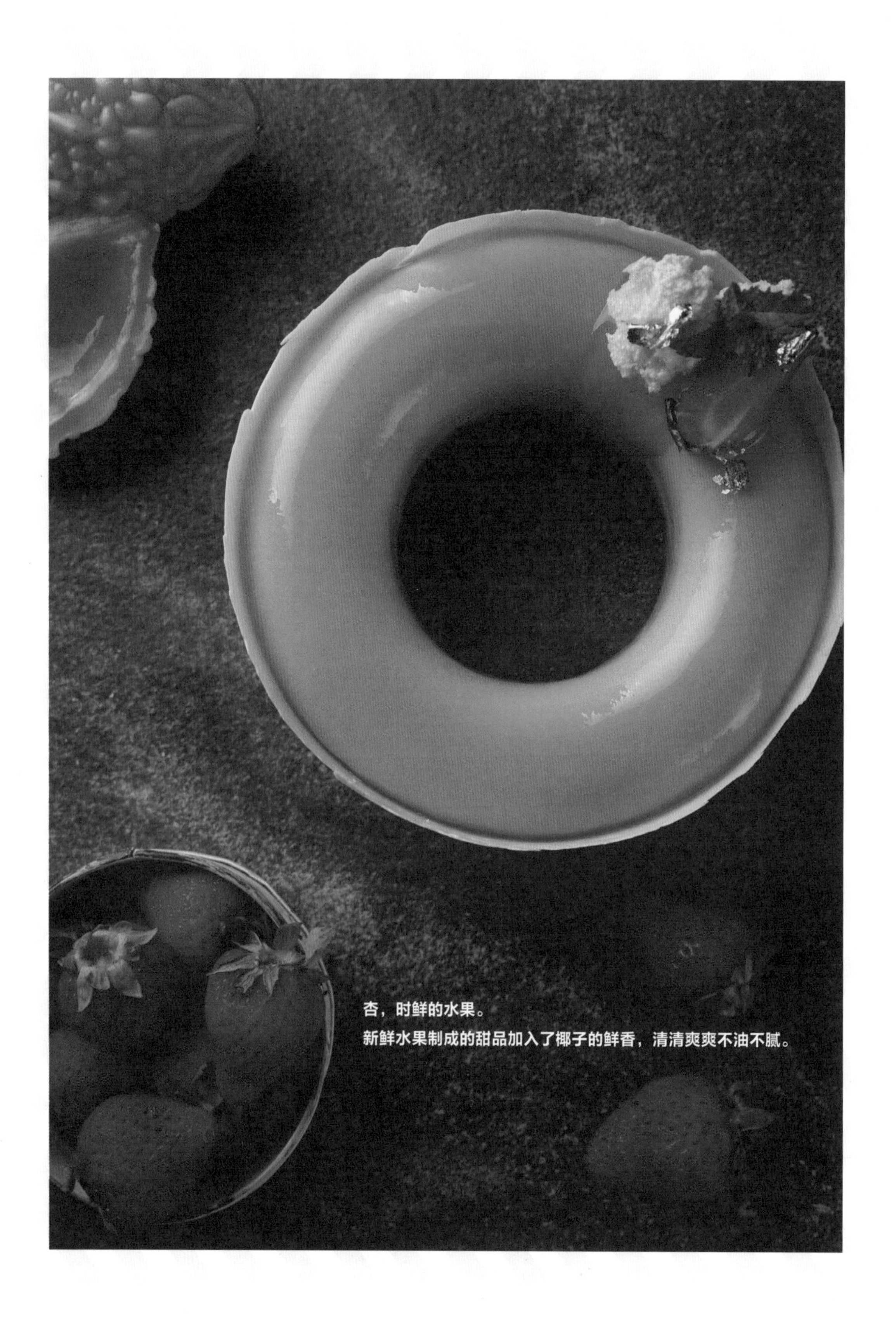
杏，时鲜的水果。
新鲜水果制成的甜品加入了椰子的鲜香，清清爽爽不油不腻。

APRICOT 杏

Maker || 顾海鹰　　**摄影** || 刘力畅

酥脆

配方：

烤过的椰蓉	20 克
酥粒	60 克
白巧克力	90 克
奶粉	5 克
黄油薄脆片	20 克
西瓜味跳跳糖	20 克

制作过程：

1. 化开巧克力。
2. 混合所有原料，与巧克力搅拌均匀。
3. 擀平冷藏，刻出需要的形状。

1

2

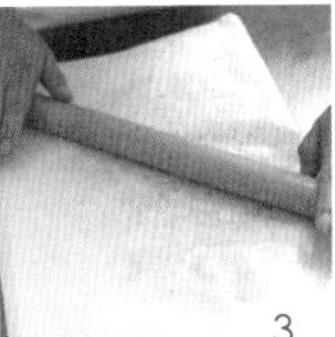

3

杏酱

配方：

杏肉	300 克
黄梅果胶	50 克
NH 果胶	3 克
糖	35 克

制作过程：

准备：在黄杏顶端开十字刀，放入沸水中约半分钟，剥去黄杏表皮，取出果肉。

1. 杏肉切丁倒入黄梅果胶，用均质机打匀。
2. 然后倒入拌匀的糖和 NH 果胶打匀。
3. 挤入慕斯夹层中。

准备：

1　2-1　2-2

杏淋面

配方：

杏果茸	320 克	葡萄糖	10 克
水	80 克	NH 果胶	195 克
糖	200 克	橙色色素	适量
艾素糖	200 克	白巧克力（装饰用）	适量

制作过程：

1. 将糖和 NH 果胶粉搅拌均匀。
2. 果茸加入水、糖、NH 果胶烧至化开。
3. 再加入艾素糖烧至化开，加适量橙色色素调色。
4. 最后加入葡萄糖烧匀。
5. 过筛，去除上面泡沫，冷却至 40℃ ~45℃。

椰子脆饼

配方：

鸡蛋	300 克	糖	250 克
蛋黄	90 克	黄油	100 克
杏仁粉	200 克	香草荚	1 根半
椰蓉	130 克	柠檬皮	20 克
吉士粉	30 克	橙皮	20 克

制作过程：

1. 先把香草荚去籽，再把糖和香草籽拌匀，黄油化开。
2. 再把所有原料倒在一起搅拌均匀。
3. 倒入模具冷藏静置 2 小时，用 180℃烤 15 分钟。

椰子慕斯

配方：

椰子果茸	320克
淡奶油	300克
吉利丁	60克

制作过程：

1. 吉利丁用冰水泡软，加入烧温的椰子果茸拌匀。
2. 拌入打发的淡奶油，倒入模具冷冻。

1

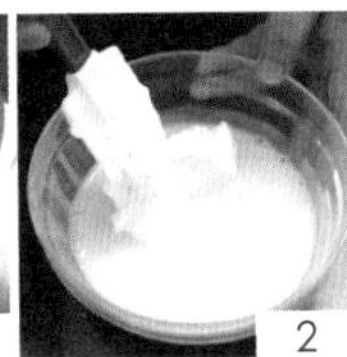
2

组合：

1. 在选好的模具中挤一层慕斯，放一层酥脆。
2. 一层慕斯，一层杏酱。
3. 放上椰子脆饼，再放一层慕斯，冷冻后脱模。
4. 喷上杏淋面后装饰。

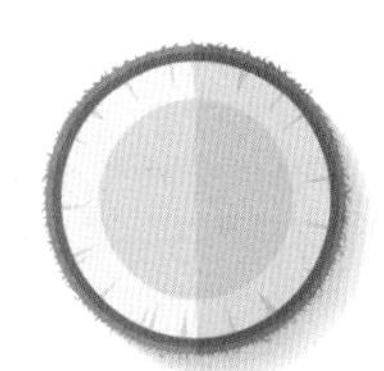

小贴士：

这款蛋糕的淋面使用巧克力喷枪，注意淋面使用时要加热至80℃左右，趁热使用，才会显现光整透亮的感觉，淋面温度下降后可能会导致喷头堵塞。

盛夏巴厘岛

MIDSUMMER BALI LSLAND

Maker || 顾海鹰　　**摄影** || 刘力畅

一款具有热带风情的蛋糕，色泽上蓝色的海水与天空的白云遥相呼应，清新酸爽的口感叫人欲罢不能。

马蒂尼菠萝软糖

配方：

新鲜菠萝	560 克
马蒂尼	200 毫升
砂糖	52 克
NH 果胶粉	12 克

制作过程：

1. 将砂糖与果胶粉拌匀。
2. 将菠萝去皮，切碎，倒入锅中，加热至 80℃。
3. 倒入砂糖，翻炒至砂糖完全化开，离火冷却至常温。
4. 将果酱与马蒂尼一起倒入粉碎机搅碎成糊状。
5. 倒入模具冷冻，备用。

热情果蛋糕

配方：

蛋黄	200 克
鸡蛋	100 克
糖	52 克
面粉	150 克
玉米淀粉	20 克
黄油	50 克
热情果	3 个

制作过程：

1. 蛋黄，鸡蛋加糖搅拌打至发白。
2. 将过筛的面粉倒入拌匀。
3. 将热情果切开，取瓤与面糊混合，拌匀。
4. 最后将黄油加热至液态，与面糊拌匀。
5. 用裱花带挤入模具，以 180℃ 的温度烘烤 8 分钟。

椰子慕斯

配方：

椰子果蓉	900 克
吉利丁	25 克
意大利蛋白霜	230 克
淡奶油	725 克

制作过程：

1. 吉利丁用冰水泡软备用，将果蓉与意大利蛋白霜拌匀。
2. 加入化开的吉利丁，最后与打发的淡奶油拌匀。
3. 装入半球形模具并把菠萝软糖加入其中进行冷冻。

1

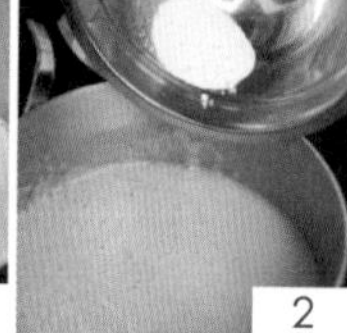

2

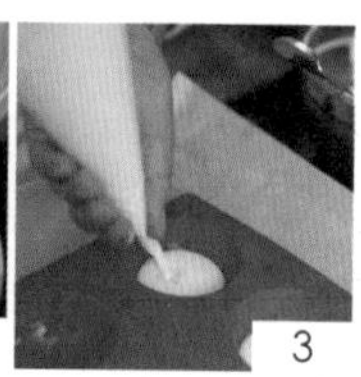

3

淋面

椰子慕斯

配方：

淡奶油	600 克
砂糖	750 克
葡萄糖浆	300 克
牛奶	300 克
吉利丁	24 克
玉米淀粉	50 克
水	120 克
钛白粉	30 克

制作过程：

1. 吉利丁用冰水泡软备用。
2. 将纯净水倒入玉米淀粉，拌匀备用。
3. 牛奶与砂糖煮沸至砂糖完全化开。
4. 加入葡萄糖浆使之化开。
5. 将淀粉浆料倒入“步骤 4”并搅拌至微稠，离火。
6. 倒入淡奶油搅拌均匀，冷却至 60℃左右。
7. 将泡软的吉利丁放入淋面酱中轻轻搅拌至融化。
8. 用钛白粉，或蓝色水性色粉进行调色。

小贴士：

淋面：

这款蛋糕淋面采用一次性裱花袋淋，在一个空的裱花袋中装入白、蓝两色淋面，同时淋于蛋糕上，并不时的来回画圈，使淋出的花纹更美观。

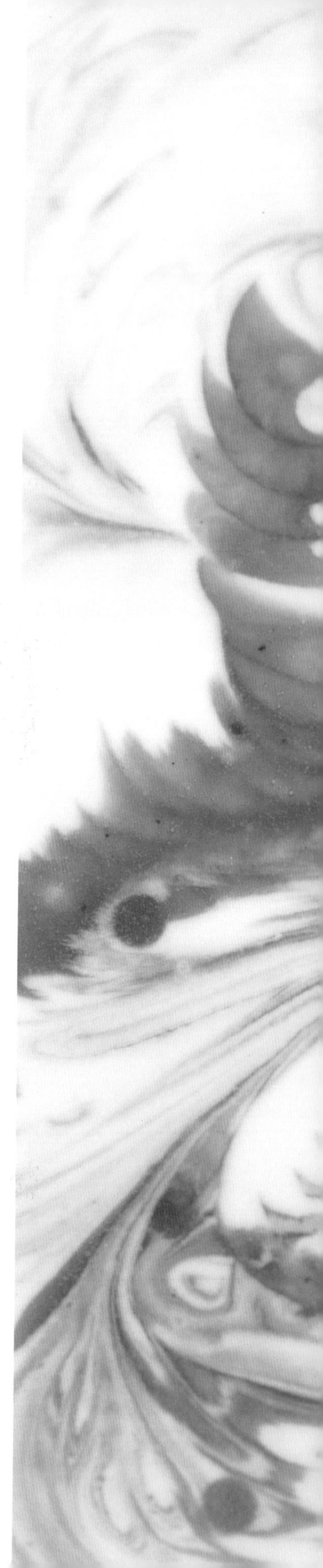

组合

制作过程：

1. 冻硬的马蒂尼菠萝软糖放入椰子慕斯中，在热情果蛋糕上用锯齿花嘴挤上甜点奶油，冷冻。
2. 椰子慕斯脱模，淋上青花色淋面。
3. 放上椰子慕斯，用椰肉片做装饰。

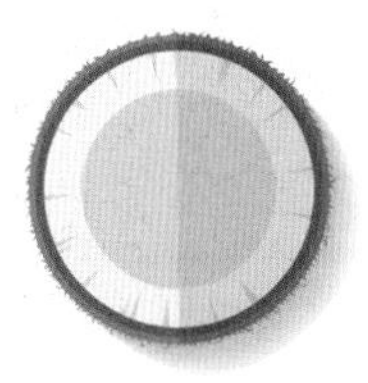

小贴士：

a. **制作淋面进行调色时最好用均质机搅拌，使尽量少的空气进入淋面酱中效果更佳。**

b. **淋面时两款不同的颜色要分主次，底色开口剪大些，那样淋出来的蛋糕会更漂亮。**

红梅沙哈

RASPBERRY SACHER

Maker || 顾海鹰　**摄影** || 刘力畅

一款一看就很有质地、让人很有食欲的甜品，巧克力冰淇淋球的浓稠细滑，蛋糕入口的质感，树莓啫喱的酸甜，什么都不说了，直接上口吧。

70% 巧克力酱

配方：

A:	糖	50 克
	香草荚	一根
	蛋黄	100 克
B:	牛奶	250 克
C:	70% 黑巧克力	225 克
D:	35% 淡奶油	250 克

制作过程：

1. 香草荚取籽与糖拌匀
2. 香草糖加到蛋黄中拌匀。
3. 牛奶加热至微沸，再将蛋黄香草糖倒进去拌匀煮沸。
4. 过筛加入到巧克力中，使巧克力融化拌匀。
5. 加入鲜奶油拌匀，入模。

黑色巧克力淋面

配方：

A:	糖	450 克
	果胶粉	2 克
	水	60 克
	葡糖糖浆	50 克
B:	淡奶油	300 克
C:	可可粉	160 克
D:	吉利丁	24 克
E:	中性果胶	320 克

制作过程：

1. 糖与果胶粉充分拌匀，再与水、葡糖糖浆加热搅拌至糖化。
2. 加入淡奶油拌匀，加入过筛的可可粉拌匀。
3. 加入软化的吉利丁拌匀，加入中性果胶拌匀，过筛后表面覆盖保鲜膜备用。

树莓啫喱

配方：

A：覆盆子果泥　　150 克
　　糖　　　　　　24 克
　　阿拉伯糖　　　2 克
B：吉利丁　　　　8 克

制作过程：

1. 将 A 倒入锅中加热，充分搅拌均匀。
2. 加入软化的吉利丁拌匀，备用。

1

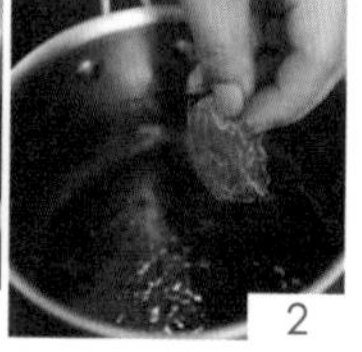

2

沙哈海绵蛋糕

配方：

A：黄油　　　　　60 克
　　64% 黑巧克力　80 克
B：蛋黄　　　　　100 克
C：杏仁糖粉　　　60 克
　　蛋糕粉　　　　40 克
　　泡打粉　　　　2 克
D：蛋清　　　　　150 克
　　糖　　　　　　70 克

制作过程：

1. 黄油加热化开，与巧克力混合均匀，常温备用。
2. 蛋黄打散拌入“步骤 1”中搅拌均匀。
3. 蛋清与糖打发至鸡尾状，分次与“步骤 2”拌匀。
4. 将过筛的 B 与“步骤 3”拌匀，倒入 40 厘米 ×30 厘米的烤盘中抹平。
5. 入炉，以上火 180℃、下火 180℃，烘烤 8 分钟。

1-1　1-2　3　4-1　4-2

组合

制作过程：

1. 在沙赫海绵蛋糕夹层中抹上树莓啫喱。
2. 在冻过的蛋糕上淋上黑色巧克力淋面。
3. 把冻过的70%巧克力酱挖成球形装饰。
4. 最后放上树莓、撒上银箔装点。

小贴士：

70%巧克力酱一定要隔夜冷藏冻硬，不然挖不成球形。

圆顶奥斯曼

DOME OSMAN

Maker || 顾海鹰　　**摄影** || 刘力畅

巧克力的甜，开心果的香，芒果的醇，想一想这些味道的融合，是你夏日里难以抗拒的清爽感觉。

巧克力青柠奶冻

配方：

A:	白巧克力	360 克
B:	果胶粉	2 克
	阿拉伯糖	10 克
C:	葡萄糖	40 克
	青柠汁	170 克
D:	黄油	40 克
E:	淡奶油	230 克
F:	吉利丁	3.8 克
G:	柠檬	1 个

制作过程：

1. 白巧克力化开备用。
2. 果胶粉和阿拉伯糖拌匀。
3. 青柠汁和葡萄糖煮开后加入“步骤 2”拌匀。
4. 加入黄油拌匀，加入淡奶油拌匀，加入软化的吉利丁拌匀。
5. 加入柠檬皮屑拌匀后装入分料器，挤入半球硅胶模具中，在中间放上蒂尼菠萝软糖，再在上面挤上馅料，抹平冷冻。

开心果饼干

配方：

A：	蛋糕粉	150 克
	开心果仁	130 克
B：	开心果酱	95 克
	黄油	70 克
	蛋黄	30 克
	糖	100 克
	盐	1.2 克

制作过程：

1. 将开心果仁与蛋糕粉用粉碎机打成粗颗粒状。
2. 黄油与糖、盐拌匀加入蛋黄、开心果酱充分搅拌均匀。
3. 将“步骤 1”与“步骤 1”拌匀后放在油纸上擀成 0.2 厘米厚，放入冰箱冷冻。
4. 取出切长条，入炉，以上火 130℃、下火 130℃，烘烤 18 分钟。

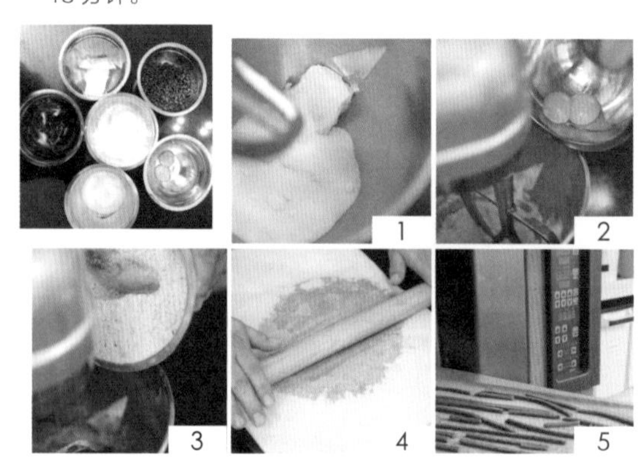

组合

制作过程：

1. 将烤好的开心果饼干放进圈模中压平。
2. 然后将青柠奶冻取出脱模，在上面淋上镜面果胶。
3. 用抹刀挑到饼底上。然后在边缘放上切丁的芒果，上面放上树莓和微波蛋糕装点。

小贴士：

做开心果饼干时炉温不宜过高，不然烤出来的颜色不好看。

甜点，甜遍全世界

DESSERT, SWEETEN ALL OVER THE WORLD

法国十大甜点
TOP 10 FRENCH DESSERTS

OPERA CAKE

歌剧院蛋糕

Maker || 孙奥军　**摄影** || 刘力畅　**插画** || 夏园

杏仁蛋糕坯

配方：

鸡蛋	6个
砂糖	600克
低筋面粉	120克
杏仁粉	120克

制作过程：

1. 烤箱预热到200℃，备用；将面粉与杏仁粉拌匀，过筛，备用。
2. 取一半砂糖与蛋清打发成鸡尾状，备用。
3. 另一半砂糖与蛋黄打发至黏稠状态。
4. 蛋清分3次与蛋黄慢慢拌匀（不可画圈搅拌）。
5. 将面粉撒入蛋糊中轻轻拌匀，倒入烤盘。
6. 抹平，进炉烘烤10分钟左右。

黄油忌廉

配方：

蛋清	160克
砂糖	360克
水	120克
软黄油	1000克

制作过程：

1. 将水和砂糖加热至120℃。
2. 将蛋清搅打至发白。
3. 慢慢沿缸体边缘冲入糖水，并高速搅拌至蛋白硬挺。
4. 在打发的蛋白还有余温时，分15~20次慢慢加入软黄油，搅打至顺滑即可。

甘纳许

配方：

57%黑巧克力	500克
淡奶油	400克
葡萄糖	20克

制作过程：

1. 将淡奶油和葡萄糖一起加热至80℃，冲入巧克力中，搅拌至巧克力化开即可。

咖啡糖水

配方：

水	500克
砂糖	400克
冰块	500克
咖啡粉	50克
咖啡酒	50克

制作过程：

1. 水烧开加入砂糖，搅拌化开。
2. 咖啡粉加入糖水拌匀。
3. 加入冰块，使糖水迅速降温。
4. 最后加入咖啡酒拌匀即可。

巧克力淋面

配方：

水	525克
砂糖	1050克
葡萄糖	30克
淡奶油	900克
可可粉	375克
吉利丁片	60克

制作过程：

1. 将吉利丁片用300克冷水泡软，备用。
2. 把水与砂糖加热至103℃，倒入葡萄糖拌匀。
3. 倒入淡奶油，并同时倒入可可粉一起拌匀，继续加热至滚泡。
4. 离火，加入泡软的吉利丁片化开，拌匀后过筛，隔夜即可使用。

组合

配方：

杏仁蛋糕坯	一张
黄油奶油	400克
甘纳许	400克
咖啡糖水	适量
巧克力淋面	少许

制作过程：

1. 用手指轻轻将杏仁蛋糕坯表皮搓去，去除毛边分成4等份。
2. 用羊毛刷在蛋糕表面轻刷咖啡糖水。
3. 在蛋糕上抹一层黄油奶油（约100克）。
4. 然后在奶油上抹一层甘纳许（约100克），盖一层蛋糕坯冷藏变硬后取出，重复以上步骤3次，最后淋上一层巧克力淋面装饰即可。

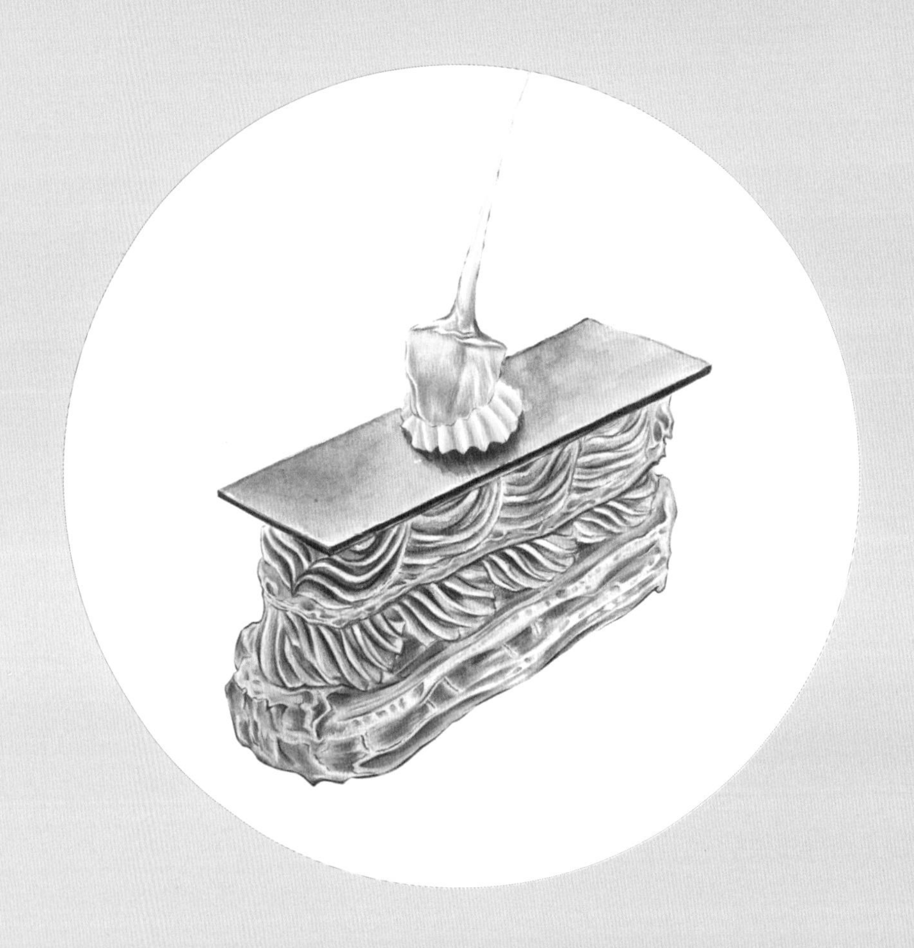

CHESTNUT ECLAIRS

栗子闪电泡芙

Maker || 孙奥军　　**摄影** || 刘力畅　　**插画** || 夏园

泡芙壳

配方：

黄油	160 克
砂糖	20 克
盐	2 克
淡奶油	200 克
牛奶	200 克
低筋面粉	240 克
鸡蛋	300 克

制作过程：

1. 烤箱预热 180℃，备用。将黄油、牛奶、淡奶油、砂糖与盐一起加热至沸腾。
2. 将面粉倒入“步骤 1”中，快速搅拌至不粘锅底，离火。
3. 倒入搅拌机中，用中速搅拌降温至 50℃以下。
4. 慢慢加入打散的蛋液，每一次加入都要保证上一次的蛋液完全被面糊吸收才可。
5. 将“步骤 4”装入放有粗锯齿裱花嘴的裱花袋中，在烤盘上挤出直条形状。
6. 在表面刷蛋液进炉烘烤，上下火 180℃，时间约 35 分钟。
7. 出炉，待凉后从中间切开，备用。

栗子奶油

配方：

栗子泥	400 克
甜栗子抹酱	200 克
朗姆酒	50 克
糖浆	100 克
黄油	250 克

制作过程：

1. 把栗子泥、甜栗子抹酱和糖浆放入搅拌桶中，慢速搅拌。
2. 将黄油从冰箱拿出，放在油纸中敲软，分次加入搅拌桶中，慢速搅拌。
3. 将朗姆酒稍微加热后，分次加入搅拌桶中，中速搅拌；搅拌的时候，可以用火枪在搅拌缸外稍稍加热，防止里面结块。
4. 将搅拌好的栗子奶油装入裱花袋备用。

CHESTNUT MOUSSE CAKE

栗子慕斯蛋糕

Maker || 孙奥军　　**摄影** || 刘力畅　　**插画** || 夏园

栗子达垮次蛋糕

配方：

蛋白	500克
蛋白粉	3克
柠檬汁	5克
幼砂糖	110克
杏仁粉	400克
糖粉	400克
栗子泥	100克
栗子抹酱	100克
栗子碎	100克

制作过程：

1. 将蛋白倒入打蛋桶中，加入蛋白粉和柠檬汁，中速搅拌，蛋白完全发泡时加入一半的幼砂糖，打发均匀后，再加入剩下的幼砂糖，打发至鸡尾状（中性发泡）。
2. 在盆中倒入栗子泥、栗子抹酱、栗子碎和三分之一的蛋白霜，搅拌均匀后倒入剩余的蛋白霜，拌匀，分次加入杏仁粉和糖粉的混合物，搅拌均匀。
3. 将面糊放在铺有高温垫的烤盘中，抹平(高度0.8厘米~1厘米)，表面筛上两次糖粉，放入风炉中，以170℃烘烤16分钟左右。

栗子慕斯

配方：

吉利丁粉	7克
水	42克
栗子抹酱	50克
栗子泥	200克
打发淡奶油	375克
幼砂糖	120克
水	40克
蛋黄	60克
柑曼怡力娇酒	50克

制作过程：

1. 将蛋黄放入打蛋机中打发，糖和40克水熬煮至118℃，缓慢地冲入正在打发的蛋黄中，继续搅打至蛋黄温度降至25℃左右。
2. 吉利丁粉放入42克水中泡发，再加热化开为液体。取三分之一的栗子抹酱和栗子泥的混合物与吉利丁液、柑曼怡力娇酒混合，混合完全后再倒回盆中与剩余的栗子混合物搅拌均匀。
3. 将“步骤1”和“步骤2”混合拌匀，最后和打发淡奶油混合拌匀。

黑巧克力淋面

配方：

水	300克
幼砂糖	600克
葡萄糖浆	600克
炼乳	400克
吉利丁粉	40克
水	240克
70%黑巧克力	500克

制作过程：

1. 将吉利丁粉放入240克水中泡发。
2. 将300克水、幼砂糖、葡萄糖浆放入糖锅中，熬至103℃，加入炼乳拌匀，离火。
3. 把“步骤1”放入“步骤2”中，化开后，倒入黑巧克力里，用手持料理棒搅拌均匀。

组合：

1. 将栗子慕斯挤入模具至二分之一满，盖上一块栗子达垮次饼底，左右按压饼底，排除气孔，将模具剩余的一半注满慕斯，抹平后放上另一块栗子达垮次饼底，放入冰箱速冻成形。
2. 成型后取出脱模，放在网架上，淋上黑巧克力淋面，然后将慕斯半成品放置在甜点底托上，在顶部装饰上巧克力件，巧克力件与蛋糕面接触的地方放上整颗的糖渍栗子，点缀上金箔即可。

MONT-BLANC

蒙布朗

Maker || 孙奥军　**摄影** || 刘力畅　**插画** || 夏园

MONT-BLANC
蒙布朗

巴巴面团

配方：

高筋面粉	300 克
盐	7 克
细砂糖	22 克
酵母	16 克
牛奶	140 克
全蛋	4 个
黄油	70 克

制作过程：

1. 将面粉、糖、盐用扇形头搅拌；搅拌的时候分次加入全蛋（留一个后面再加）。
2. 把酵母先和一部分牛奶一起拌匀，剩余的牛奶倒入锅中加热，加热到 30℃。
3. 将拌好的酵母和牛奶加入"步骤 1"中，然后再将剩余的一个全蛋加入搅拌，再分次加入加热好的牛奶，持续搅拌。
4. 黄油化开后分次慢慢加入搅拌桶，持续搅拌，整个过程大约搅拌 15 分钟。
5. 搅拌好后，将面糊装入裱花袋，挤入圆柱形的硅胶模具中（面糊粘性较大，在手指上蘸点水，用手指分离面糊）。将模具放入烤盘中，置于醒发箱内，28℃醒发 30 分钟。醒发好后，放入烤箱，以上下火 160℃烤 40 分钟 ~45 分钟。

小贴士：

1. 面粉提前一天放到冰箱冷藏，因为搅拌的时间会很长。防止面团温度过高，导致醒发。

栗子奶油

配方：

栗子泥　400 克
甜栗子抹酱　200 克
朗姆酒　50 克
糖浆　100 克
黄油　250 克

制作过程：

1. 把栗子泥和甜栗子泥抹酱放入搅拌桶中，慢速搅拌。
2. 将黄油从冰箱拿出，放在油纸中敲软，分次加入搅拌桶中，慢速搅拌。
3. 将朗姆酒稍微加热下，分次加入搅拌桶中，中速搅拌；搅拌的时候，可以用火枪在搅拌缸外稍稍加热，防止里面结块。拌匀备用。

巴巴糖浆

配方：

水　1500 克
细砂糖　450 克
香草荚　2 克
百香果果蓉　120 克
新鲜生姜　20 克
新鲜柠檬皮　1 个
新鲜橙皮　1 个
54° 朗姆酒　100 克

制作过程：

1. 将橙皮、柠檬皮和新鲜生姜刨成丝。
2. 将水、糖、香草荚、百香果果蓉和"步骤 1"放入锅中，煮沸，离火。
3. 倒入一半的朗姆酒，拌匀，冷却。
4. 把厨房纸贴在糖浆表面，吸除杂质。
5. 将烤好的巴巴面包全部浸入"步骤 4"中，3 分钟 ~5 分钟后取出，底部朝下放置在盆中。再在盆中倒入一些糖浆，稍稍漫过巴巴面包底部即可，浸泡数分钟后取出。
6. 把巴巴面包底部朝上放置在置物架上，倒上剩余的朗姆酒，使朗姆酒从底部能渗透到蛋糕内部。然后用保鲜膜将巴巴面包底部包起来，备用。

香草轻奶油

配方：

卡仕达奶油　550 克
54° 朗姆酒　30 克
鲜奶油　280 克

卡仕达奶油

配方：

吉利丁片　10 克
牛奶　500 克
香草荚　1 个
蛋黄　100 克
细砂糖　100 克
低筋面粉　25 克
玉米淀粉　25 克
黄油　50 克

制作过程：

1. 将吉利丁片放入冰水中泡软，备用。
2. 将蛋黄与细砂糖快速拌匀，加入低筋面粉和玉米淀粉搅拌均匀。加入一点牛奶调节下稠稀度。
3. 把剩余的牛奶倒入奶锅中，放入香草荚，加热煮开。取部分倒入"步骤 2"中，拌匀，然后再倒回奶锅中，回煮。期间要不停地搅拌，至浓稠，离火。
4. 将泡软的吉利丁片沥干水，放入"步骤 3"中，化开。加入黄油，完全化开拌匀即成卡达仕奶油。
5. 在烤盘上铺一层保鲜膜，将卡达仕奶油倒入烤盘内，表面再覆上一层保鲜膜。放入急冻柜中，急速降温冷却，取出。
6. 将鲜奶油打发，与卡达仕奶油混合。加入朗姆酒，拌匀后，即成香草轻奶油，放入冷藏柜备用。

油酥饼底

配方：

中筋面粉 400 克
泡打粉　8 克
盐　4 克
黄油　200 克
蛋黄　80 克
细砂糖　160 克
香草荚　半根

制作过程：

1. 刨开香草荚，取籽，去皮。将香草籽、黄油和糖一起拌匀。
2. 加入蛋黄，搅拌均匀。
3. 加入中筋面粉、泡打粉和盐，拌匀成面团。
4. 将面团擀成面皮，放入冰箱冷藏定型。取出后，用圈模压出适当大小。入炉以 180℃烤 15 分钟。

组合

制作过程：

1. 将巴巴面包切片，每片大概 0.8 厘米厚。
2. 在油酥饼底上挤一点点轻奶油，粘上一片巴巴面包。
3. 在面包上挤一层轻奶油，再盖上一层巴巴面包。
4. 再挤一层轻奶油，盖一片巴巴面包片。
5. 最后挤一层轻奶油，用锯刀修成一个圆锥形。
6. 将栗子奶油装入带有特小圆花嘴的裱花袋中，在巴巴面包四周挤出细丝。
7. 顶部放上一颗糖渍栗子，筛上糖粉装饰即可。

I LOVE CHOCOLATE ALL MY LIFE

一生只爱巧克力

巧克力大师之魅

THE CHARM OF THE CHOCOLATE MASTER

Jean Marie Auboine

【名师荣誉】

2003年，被法国著名美食指南 Champ é rard Guide 评为年度最佳糕点大师。

2005年，美国巧克力大师奖；
世界巧克力大师新闻奖；
代表美国获得世界巧克力大师第五名。

2007年，入围法国最佳手工艺者巧克力师决赛。

2008年，墨西哥 Vatel 俱乐部年度最佳大师。

2011年，入围法国最佳手工艺者巧克力师决赛。

2012年，美国十佳糕点大师；
《纽约时报》评比的十佳海盐焦糖美国奖。

2014年，美国十佳巧克力师。

扫码立即观看

Jean Marie Auboine

独家采访视频

KEEP A CURIOUS CHILDLIKE HEART

成为巧克力匠人的秘密：保持一颗充满好奇的童心

Translator || 亚洲咖啡西点　**Photographer** || 王珠惠子

Q：老师您第一次来王森学校授课，有什么感受？学生的课堂表现如何？

A：首先我对于能够来到贵校开课感到非常荣幸，我知道王森学校是一所中国著名的烘焙院校，甚至可以说是中国最负盛名的烘焙学校。这是我第一次来到中国出差，当然这是一次具有纪念意义的经历，说实话对于学校的基础设施、团队建设以及设备等我感到非常满意，学生的学习热情以及底蕴也让我感到惊喜。

我有个很深的感受就是，中国呈现出的精神面貌是非常积极向上的，同时在食品以及烘焙、巧克力等领域的发展势头非常迅猛。我觉得我的学生们正在积极拓展这些领域，他们的学习动力非常足，这也是最重要的事情。

Q：老师您这次来，教学设计思路是什么呢？

A：我来这里之前想要试着设计一个与众不同的课程，把巧克力、手工糖的技术都融合进去，巧克力产品的设计里面融入了小糖果、松露、铸模糖块、糖皮、巧克力棒等不同手法；其次手工糖的产品也有点难度，用到了很多成分，比如焦糖、椒盐、水果等；水果糖、果酱、干酪等。

我的课程设计出发点是希望可以尽可能多地囊括巧克力手工糖领域的常用食材。

Q：老师您这次教授的产品是时下法国或美国所流行的吗？

A：这些产品在法国算是经久不衰吧，而在美国，这些产品刚刚开始流行，皆因为美国人现在对食品的品质要求越来越高了，当然在巧克力方面也是这样的。我的理念是：设计产品，让顾客用舌头品尝到“世界之旅”。

举个例子，比如我制作一盒巧克力，我在这盒巧克力中融入超多不同种类的口味和口感，顾客们吃完我的这盒巧克力，会觉得自己用舌尖走访了许多地方，这样的感觉非常美妙。

Q：老师您觉得最近两年巧克力甜品方面，新的潮流趋势是什么？

A：我一直认为巧克力是一件非常时髦的领域，比如在美国，有很多人会换工作去做巧克力，我认识这样一些美国人：他们以前在银行、金融领域工作，然后突然有一天决定开始从事巧克力相关的职业。这是一份非常令人心动的工作，为什么这么说呢？首先我们现在可以在家里自己做巧克力了，比如说我们可以去商店买到与可可相关的原料，然后在家里学着自己调温，做出自己想要的巧克力。

这就像变魔术一样，手工糖其实也是同样的道理。

当我还是个孩子的时候，我非常喜欢吃巧克力、吃小糖果，我时常沉迷于此，但当时我从未想过自己有一天会成为一名巧克力糖果师，很多人都喜欢巧克力，把它当作甜蜜与幸福的象征，所以我向人们销售巧克力，实际是在销售“幸福”。当人们吃到美味巧克力的时候，笑容永远洋溢在脸上，有一种抑制不住的喜悦。

Q: 您是如何成为一名优秀的巧克力匠人的呢?

A: 首先是无尽地努力工作，是日积月累的职业经历，而且要保持一颗充满好奇的童心，要不断地去打开和发现整个世界，不断地品尝新鲜的美食。而且还要拥有足够开放的心态，海纳百川，包容和采纳他人的建议，即使是批评也能听得进去。在职业前进的道路中不要畏惧，我们都会不断地犯错，但不要因此就停滞不前，在哪里跌倒了就在哪里爬起来继续努力。

Q: 您为什么会选择成为一名巧克力匠人呢?

A: 是通过一次意外的邂逅，当初我曾有幸去摩纳哥工作，是在阿兰·杜卡斯的米其林三星餐厅里实习，在那里我接触了烹饪、甜品还有巧克力等制作，我非常喜爱餐饮行业，我想从中做一个细分的职业。我也喜欢旅行，我觉得巧克力是一个非常需要去不断探索和发现的领域。

Q: 老师您对亚洲、美洲等国家的巧克力消费习惯有所了解吗? 是否会在教学研发中融入这些元素?

A: 是的，首先我在亚洲旅行和出差的经历就不少。在亚洲国家里面，我多次去过马来西亚、新加坡和日本。我用在当地发现的一些新奇食材，来制作符合当地人口味的巧克力，这个方式是我一直非常感兴趣的。

我可以举一些例子，比如印度的芒果、东南亚的红茶、中国的绿茶等，当然还有一些其他的香料，比如各种椒类植物，我可以把这些东西与巧克力融合起来，再装饰一些红色浆果，感觉妙极了。

诸如此类的体验，给我的配方研发带来了极大的灵感，我还曾经在墨西哥待过整整五年时间，我非常喜欢当地的辣椒。像这样的海外生活经历，不管是自己长期生活过的国度、还是我喜欢的国度，我都非常乐意把当地出名的食材融入到巧克力新配方的研发中去。

Q: 您在运用这些当地特色食材进行研发的时候，有没有遇到什么困难呢?

A: 当然是有的，比如胡椒的运用，我当初把它加入新开发的手工糖里面，第一天尝试之后觉得味道还可以，但是如果你连着几天都吃这种糖果，慢慢你就会受不了了。辣椒也是一样的道理，它的刺激性更强。

所以在运用新食材进行研发的时候，必须要不断地测试和验证，有些食材一下子就能满足你的配方需求，但还有部分食材是需要一周、两周甚至花费一个月来反复测试才能达到你的要求的。

当你得到满意结果的那一刻，相信我，你会欣喜若狂的。

Q: 据说您已经在美国开了三家巧克力店面了，而且都在拉斯维加斯，您为什么选择在美国开启您的巧克力事业呢?

A: 首先是因为这几年巧克力的需求在美国市场上蓬勃发展，其次我非常喜欢美国大陆的人文精神。

在美国，喜欢甜食的人其实非常多，所以假如有人可以把美食做得非常棒，并且可以把自己的产业发展成公司规模，那么美国人会非常高兴地带着热情去参与其中。这在我看来是美国人非常不错的一点。

目前，我在美国西部三个城市都开设了巧克力店，分别在赌城拉斯维加斯、旧金山机场和洛杉矶。

我们的店面创造了一个非常有意思的理念：围绕巧克力打造一切有意思的产品，比如设计了巧克力、手工糖以及马卡龙三者的组合产品套装。除此以外我们还有其他产品，比如果酱、茶叶等。另外，我们还有基于此衍生出来的化妆品，比如从可可中提取的润肤乳、口红等，所有这些化妆品都是不含任何添加剂的天然产品，并深受我们消费者的欢迎。

我们真的是名副其实围绕着巧克力来打造所有的这一切的，从很久以前开始，巧克力就成为我的嗜好，而围绕巧克力可以做的事情实在是太多了。

Q: 您的巧克力公司在美国经营得非常不错，能给我们谈一谈您的巧克力店的经营理念吗?

A: 其实应该这样理解我：首先我是一个巧克力匠人，与此同时我还是一个生意人。我有自己的公司，我有 30 名员工，这其中还不包括店面里的店员。而且我还想开设更多的店面，我始终会换位思考，站在消费者的角度考虑问题，我非常渴望知道消费者的想法，尊重他们的选择，如果我们想做业绩，就需要更多的客户，因为是顾客决定了我们的存在。

所以我觉得有两件事情在经营店面中是非常重要的：其一是了解市场和消费者，其二是了解你的员工。我始终非常尊重自己的员工，我需要鼓励他们，如果我没有团队，那我将一事无成。在工作中，我的团队比什么都重要，因为我正是依靠这些伙伴，才能发展壮大自己的公司，在企业经营中这一点非常重要。

但是在法国，很多人做不到这一点，在法国，老板的意见是至高无上并且必须始终得到贯彻执行的。而在美国，老板需要学会倾听员工、学会团队协作以及倾听顾客。

Q: 在您看来，同样是西点行业，法国与美国的经营理念也是完全不同的对吗?

A: 是的没错，完全不同。在法国西点行业中人才济济。而在美国，技术顶尖的匠人很难找，因为美国的西点培训体系远逊于法国，美国也没有成熟的西点学徒体制，餐饮理念也比不上法国。

因此，如果在美国做西点行业，你有幸遇到好员工，一定要好好留住他们，这一点非常重要。

Q：在您看来，通过什么样的学习才能成长为一名优秀的巧克力（糕点）师？

A：首先是要有良好的动机，其次我觉得多去一些不同的地方努力增加工作阅历也很重要。其实年轻人最好就像学徒一样成长，争取去一些巧克力或西点界的名店见习，然后在一个店里待上六个月甚至是一年，在此过程中不断地学习汲取养分。这就好像你阅读一本书，你要仔细阅读每一页，然后理解每一章节的内容。有时候这并不是件容易的事儿，因为需要无穷无尽的工作时间，无数的热情，要保持求知欲，遇到困难也不能轻言放弃，就像一句美国名言“never give up”（永不言弃）。

总之，良好的热情是第一要务，这点对于年轻人来说非常重要，既然我可以成为一名巧克力匠人，那么千千万万的人都可以成为我这样的人。我并没有特别的天赋，我只是比一般人拥有更多的热情，我每天都想着可以进步一点点。

Q：老师您能给我们亚洲西点杂志的读者一些寄语或建议吗？

A：首先我觉得能选择加入这一行的都是充满荣幸的人，这个行业不轻松，但是这行业有可能让你的眼光投向各个地方。西点行业是一个拥有无限可能的领域：开公司、开设一个又一个的甜品店、巧克力店等，去创建自己的品牌，诸如像王森学校一样拥有超高的增益价值，我觉得贵校的理念也很好，贵校的资源、给学生们提供的一些学习机会都显得难能可贵，我知道你们会在上海开设新的校区。

中国是一个充满机会的国家，中国已经经历了二十余年的经济高速增长，西点行业同样也是蓬勃发展，这个市场在中国还拥有非常大的潜力，所以西点师、巧克力师会拥有一个美好的未来。而这个学校就是他们踏入职业领域的美妙开端。我非常喜欢中国乃至亚洲的文化，亚洲人做事情讲究纪律性，这很重要，没有规矩不成方圆。最后我感到来贵校授课很荣幸，同时我还得到了很多有意思的发现。这是我们之前未曾预料到的，因为这个学校的发展非常具有企业的远见性。我的企业也是这样一步一个脚印发展壮大的，这一点理念相同。我有许多行业内的朋友都跟我一样，有幸来到这里授课，这里来的每个老师都拥有不同的从业背景，所以这儿的学生可以有幸学到相当多的知识，并能萃取融合，这样的行业交流是非常有益的，我们每人都拥有不同的经历，但是我们都是从事西点烘焙行业的，因此又有非常大的共性。

有一件事情是我要跟学生强调的：就是工作一定要细心严谨，比如切牛轧糖，务必要切得完全一致，如果你切得有大有小，那么顾客就会不开心，细心严谨是最重要的工作态度。

Phillipe Bertrand

他是可可百利”Mycryo”可可脂的发明者之一。2013年9月，菲利浦成为新一代巧克力“自然之选”系列的产品大使。

CHOCOLATE MAGICIAN

一个巧克力魔法师的修行

翻译 || 亚洲咖啡西点　**摄影** || 刘力畅

Phillipe Bertrand

菲利浦总喜欢吃“拿破仑千层酥”和“法式泡芙”，这也促成他当初决定成为一名糕点师。作为法国巧克力糖果学院和诸多巧克力和糕点协会的成员，菲利浦在世界美食之林占有一席之地。

自 1996 年被授予“MOF 巧克力和糖果”称号的获得者之后，他主持了一系列极具影响力的巧克力和西点盛事 (马德里、神户、拉斯维加斯……)，并将一批才华横溢的专业巧克力工匠招募至巧克力行业领导者—— 百乐嘉利宝的麾下。自 1998 年起，他就开始担任可可百利巧克力学院法国中心负责人。

媒体总是关注报导其专业度和创意。这位巧克力大师经常受邀于电视节目，谈论巧克力和西点制作的新趋势。他是“顶级厨师” 真人秀节目法国区的总决赛评委之一。同时是另一档电视节目“明日伟大糕点厨师”2014 年的评委。他为众多专业杂志撰写专栏，经常出镜于法国电台，RFI 电台和加拿大电台。

菲利浦是 *Chocolats et friandises* 一书的合著者，该书由 Acad é mie francaise des chocolatiers et confiseurs 出版。他曾为 Le Nôtre 烹饪学院出版的 *Chocolats et friandises* 一书撰写序言。菲利浦也为西班牙和欧洲糕点制作大奖获得者 Francisco Torreblanca 最近的著作撰写序言。

Q: 老师您觉得最近两年法国在巧克力甜点方面，新的潮流趋势是什么?

A: 是的，没错，现在巧克力的发展潮流变化非常之多，我比较关注到的是，现在巧克力和甜点中运用的颜色正在逐渐变少，其中一个重要的原因就是全世界的人们都知道色素的使用不宜过多。

这里我可以举个例子来说明，我们都知道马卡龙在法国非常流行，而马卡龙是一种食用色素运用非常多的甜点。在一家甜点店通常的营业额中，食用色素的成本就要占到20% ~30%。于是很多商家就有一个共同的追求：如何尽可能少地使用人工色素，而尽量使用天然色素，这样就可以使人工色素越来越少地成为大众媒体中的争议话题。

总结来说，我所指的潮流就是纯净性，越来越多地运用纯天然的材料，使用更少的色素，让原材料更健康。巧克力师，甜点师应该越来越多地关注原材料的出处，做一个坚定的天然农业支持者，了解自己所用的奶油、黄油以及巧克力的来源，比如知道你所用的巧克力是来源于哪一种可可树，知道这个可可树是长在哪里的种植园，它的产地名字和种植园名字，等等。这就是现在的所谓潮流，我们称它为“追根溯源”，产品越纯粹越好。

当然，现在王森学校更多地在研究食材的运用以及味觉的调制，比如草本植物、盐渍、糖渍的使用。这些在中国的烹饪中尤其有效，你们已经在不知不觉地往我说的这个方向发展了。不过在我们法国，这样的烹饪方法并不常见，所以我们目前在甜点中越来越追求使用食材本身的天然风味进行调味，这是我们发展的一个必然趋势，对我们来说，食材的溯源性正在变得日益重要。

Q: 老师您对亚洲国家的巧克力消费习惯有所了解吗？是否会在教学研发中融入这些元素？

A: 是的，我会考虑并接受一些其他国家（包括亚洲）的巧克力等消费习惯，不过更多的是一种混合。我要混合当地元素，但又不能糅杂进去太多，因为如果糅杂太多的话，那么亚洲或者中国的烘焙师们就会觉得，我做的产品虽然很接地气，但是未免太接近他们自己做的东西了。

所以未来我觉得应该是这样的：我会在教学中继续融入亚洲的或者中国的元素，但更多的是一些致敬经典的东西，而且我也很乐于将我刚刚所说的产品趋势考虑进去。不过中国本身的糕点以及烹饪文化传统就非常强大，所以在致敬传统的同时，我会考虑优化一些元素，比如把糕点做得少糖一些。

要知道在欧洲，我们的糕点是非常甜的，美国的糕点更是甜得离谱，而在中国，吃一份过于欧式风格口味的甜点，也许不会太符合你们的消费习惯，所以未来我会在产品设计中加入一些烹饪中更多使用的草本、香料。但是这个过程不宜过早，因为现在还没有太多欧洲人来到中国尝试这些中西结合的点心，接受这里的甜点文化浸染。我知道你们的消费习惯是一次吃一小份的甜点，而我们欧洲人吃的甜点非常大份，不管是蛋糕也好，还是玛德琳也好，诸如此类的甜点，都需要私人订制成小份才更受亚洲人的欢迎。我们法国人则完全不是这样，我们买玛德琳的时候可能一下子买了10~15块，而你们是一块一块消费的！在买之前还要先尝一尝，等等。今天早上的时候，我教大家做巧克力块，我给大家讲到许多的亚洲可可产地，比如印尼、马来西亚等这些东南亚国家，他们的人均巧克力消费量其实都不高，所以在切分巧克力块的时候，考虑到亚洲国家的需求，全部要切分成小块，方便携带或者旅行。

不过，我并没有妄图去改变这种亚洲的消费习惯，我们欧洲人的美食野心是，希望我们的美食文化可以在亚洲得到更多地传播，这是第一点。所以这就是为什么欧洲的甜点师常常精益求精，因为如果我们都不能严格要求自己，又如何能把合格的手艺传播到亚洲？其次我们注意到，有不少中国的烘焙师热爱“模仿”欧洲的甜点，并且在口味上进行轻微改良，因为中国的烘焙师对于自己国家的市场更为了解，我们欧洲的烘焙师更多的还是帮助推动当地的产业发展。我从没想过自己能做出一款原汁原味的中国糕点，我负责设计和制作法式糕点，然后由你们来决定，我需要在哪些方面教导和帮助你们，这才是甜点培训的理念：我们不打算改变人们本身，我们是要转变人们思考的模式，让他们自己学会思考，知道需要在哪些地方改进和加强。

这其实就是一个启发学生们灵感的过程，我们负责交给他们基础，比方说学好英式奶油酱。今天早上我问学生们，谁曾经做过英式奶油酱？但是没有人回答我，也许一方面是学生们很腼腆，另一方面也说明确实没太多人做过英式奶油酱，而对我来说，这就是一个欧洲甜点师需要懂得的基础手法。

Q：老师您在可可百利这么多年，能否给我们描述一下可可百利的产品风格？

A：可可百利是一家非常不错的公司，我在可可百利已经工作了 27 年，我对它非常了解。可可百利的核心思路就是掌控巧克力的完整生产流程，从头到尾的每一步。可可百利是巧克力方面的专家，我们总是能生产出那种非常天然的巧克力原料，我指的是没有太多酸度，也没有太多苦味，这样的巧克力原料，可以让世界上绝大多数人接受。

而我要强调的第二个重点就是，可可百利一直强调的可可原产地天然性，从开始了解这个产地的特点开始，首先这个地方必须是可可原料的重要产区，产量可观。

我可以举一个例子，有一种可可含量 75% 的巧克力原料，在这个原料中，我们可以百分百感受到红浆果的风味，而且酸味和苦味也正好，一方面是由于我们原产地选得优质，另一方面是来自可可百利的优秀深加工，这款巧克力原料采自印度尼西亚的一个著名可可种植园。对可可百利来说，首先我们肯定会采购这个种植园的可可，生产出印尼数一数二的优质巧克力，这是关键。

其次，从其他国家来讲，我们也会尽量寻找有特点的可可豆用来生产，这样可以让我们的顾客根据自己的需要寻找有针对性的巧克力，然后再用到甜点制作中去。这就是可可百利的产品理念。

这是一种巧克力文化体系，可可百利一直以来致力于做巧克力领域的开拓者，我们是全法国第一家开设培训学院的巧克力原料企业，而且我们的培训学院已经有四五十年的历史了，因此我们不仅仅生产巧克力，我们还为甜点师、巧克力师们提供服务。

其实我说产品是不断演变的，但不仅如此，连销售方式也是不断演变的。要展示良好的产品，必须要有优秀的呈现方式：要有营销手段，还要有各种销售支持手段。我们光嘴上说一个产品的原产地有多好根本没有用，我们还需要详细描述这个国家的原产地文化，当我在讲解一个糕点的时候，我不光会提到这个蛋糕的历史，我还会讲到所用原料的贮存方法，比如是否需要避光保存。对我来说，所有的这些东西都是营销技巧，而对世界上的甜点师来说，多了解一些营销技巧总是没错的。

Q: 在我们的印象里，您一直是一位兼顾技术以及营销能力的大师，您是如何做到的呢?

A: 事实上我之所以受雇于可可百利就是这个原因，我的职业生涯造就了这样的我，我既喜欢钻研糕点技术，又喜欢研究营销。我一直认为，一个优秀的甜点师如果不懂得如何营销自己的产品或者不懂得如何呈现自己的作品，那他在这个行业里一定不会混得很好。所以除了甜点技术，还需要专注于营销和销售支持的发展。

比如王森学校做得就非常好，你们的课程销售支持品就是杂志，凡是喜欢你们杂志的人，都会有去学校学习的冲动，这就是我所说的精髓。

你们不但有杂志，还有书籍，用这些来丰富你们的课程产品。我在你们的杂志里看到过我去年上课的内容，文字的整理和配方的归纳是非常重要的，如果没有这些，知识就不能得到系统地提炼，而这些提炼出来的内容就是所谓的“知识产权”，你们的知识产权就是培训的核心。

Q：我们都知道可可百利的原料产区遍布世界，请问您对哪个产地的巧克力原料最满意呢？

A：是的，可可百利的产地遍布世界各地，主要以赤道周围地区为主，有潮湿、炎热的地区，也有干燥的地区。当然每个地区的气候和风土不一样，所以每个种植园出产的可可豆也就不同。有些地方的风俗是，可可豆从树上摘下来以后，会把可可豆放在屋顶上晒干，因为那里有着充足的阳光。而在科特迪瓦，妇女们会集中在一起，把可可豆晒干、捣碎，然后放在木板上用芭蕉叶覆盖起来，存在树阴下面发酵，这是一种特殊的发酵方式。

我早晨上课的时候也跟同学们说过，可可豆发酵是巧克力生产过程中最重要的一步，如果可可豆发酵得很糟糕，那么最后生产出来的巧克力一定不会很好。因此一定要培训可可种植园的工人，如何正确地晾晒和发酵可可豆。这也是可可百利学院要做的事情，我们在原产地建立学校，教给他们处理可可豆的方法和发酵法，这非常重要。如果可可百利公司不做这些原产地的加工培训，那么我们就无法做到对巧克力生产链的完整控制。我们要做的是从 a 做到 z 的每一步，这样才能确保我们对这个链条的控制。王森学校也是一样，你们做培训，也出版杂志和书籍，都是为了满足烘焙师的需要，你们在这个细分领域做得非常完善。王森老师知道如何在细分领域的每一个环节做到极致，然后来扩大你们的影响力。

一个甜点师也是一样，他对自己的要求应该是把每一款蛋糕做到极致且毫无保留，如果产品做得不到位，他就会对自己非常不满意。

Q：巧克力作品的研发与创作灵感有时候来得并不容易，您一般会如何获取灵感呢？

A：灵感的获取主要是取决于烘焙师本人，不过也有普遍适用的原则，那就是压力的推动。我举个例子，当我在课程快结束的时候，我要装饰一款甜点，我要想一下自己手头有些什么材料可以来完成它。至于味道，我要做一些修改，所以总结来说，当我有一个配方模板的时候，我需要重新研究它的原料组成，尝试用不同水果、香料还有不同的奶油，还有糖渍、茶叶、胡椒粉的应用，不同胡椒的口感变化。围绕着所有的这些元素，我自己来个头脑风暴：用这些原料我到底可以做些什么？也许是一个榛子夹心胡椒馅的糕点，又或许可以做个中国茶风味的点心，甚至是做一个古巴风味的巧克力糕点，再加些不同的香料。

我在研发甜点的时候，首先是把这些原料组合起来，其次我再试验一下设想的这个配方，我会把这个配方写下来，然后一点一点地试验和修改。不过切记一定要在纸上记录下来，因为你的甜点需要一个大概的方向，这样还可以有效节省时间。我觉得原材料是帮助烘焙师进行研发的关键，当生产商在开发新原料的时候，也应该要参考甜点师的意见。因为甜点师在研发甜点的时候，会非常依赖于自己对味觉的判断，然后来选择哪一家原料商，我很清楚这一点，因为我所工作的可可百利就是一家原料商，我们生产原料，而甜点师制作产品。当然对原料商来说，挑战也是无处不在的。现在越来越多的趋势是寻找纯天然的原料，所以原料商要不断地去寻找有特点的草本植物。这种寻觅是不具体的，也许我们的工作人员需要长年累月地留心对原材料的探索。

同样道理，如果贵校想要开课到全世界，你们也必须尽可能地了解全世界的原材料，当然这也是为了你们自己的发展所需。

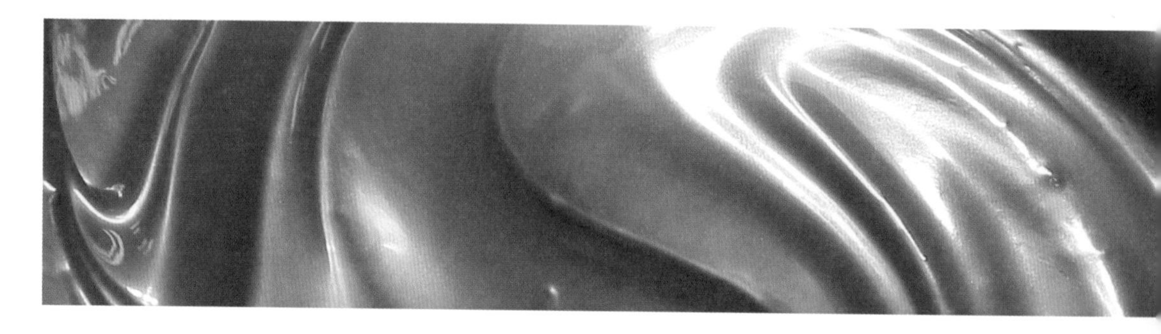

Q: 我们都知道巧克力制作过程中温度和湿度的把握是十分关键的，请问在不同国家授课的时候，您一般会如何应对当地的气候状况呢，可以举些例子好吗?

A: 是的，经常会有一些不适应，因为每次的培训时间都只有3~5天。所以每到一个新地方去开课，我都会注意当地的气温、湿度等问题，这样以后如果再去的话就会对当地状况了然于心。

我可以举个例子，做马卡龙的时候需要用到杏仁粉，它对于湿度的要求很高。有时候我在制作马卡龙的时候也会为自己的作品感到不满意，这时候我就会跟你们的老师讨论，你们是怎么处理的，然后有的老师会说："我会把杏仁粉放到干燥箱里。"而这个步骤也许是我之前没想到的，也许这个老师的资历不如我，但是在某些时候我会听取当地老师的建议，再加上自己的一些经验，也许可以起到非常理想的优化效果。所以我的经验告诉我，如果遇到一些难以解决的问题，就要积极地去与别人探讨。

Phillipe Bertrand

INSPIRATION COMES FROM STRESS

我继续回归到刚刚那个关于马卡龙的例子，把杏仁粉放进干燥箱不仅可以蒸发水分，而且还可以使糖分变干。所以这些世界各地的教学经历，有时候也会让我成长，反过来还可以把这些经验传播到欧洲去。

如果我给一些烘焙企业做咨询业务，还可以挖掘得更加深入。

如果我没有接受当地老师的建议，我要在如此高温潮湿的环境下，在 5 天内做 20 个配方，这是非常困难的。当时作为一个职业人士，不管你用什么方法，你都必须完成自己承诺的工作量。

作为一个职业人士，我不得不经常去研究那些原料知识，因为这也是我的工作之一。

上一次我来的时候是 11 月，而这一次是 7 月，湿度、温度都不一样。不过好在贵校的设施很完备，而且培训室内都有空调，这从很大程度上缓解了温度和湿度的问题。

Q: 通常很多学生都是一些私房烘焙的人群，所以在课堂上学完这些东西以后，回去再次制作都会进行内容的简化，您知道这一点的吗?

A: 没错，我做的甜点可能步骤都比较多，这其实对学生的能力也是一种鉴定，学生们回去以后当然会根据自己的需求，简化步骤，删掉一些环节，然后做成自己想要的东西。他们非常积极主动，重要的是要学习甜点的原理，相比欧洲的甜点师来说，这些中国的学生要更加积极，他们非常想要掌握自己的所学。

Q: 在您看来，如何学习才能成为一名优秀的巧克力（糕点）师?

A: 我知道贵校邀请过很多著名的老师来上课，虽然这很好，不过我觉得不能请得铺天盖地，因为从课程战略上来说，每位被邀请的老师来讲课的内容都不一样，对你们的学生来说，如果来过几次的学生，可能会对其中一些东西产生疑问。

我举个例子，如果你们固定邀请几个老师来教甜点，固定几个老师来教面包，固定几个老师来教巧克力，等等，那么你们在国外名厨的培训领域会变得更加专注，使得知识更加体系化，这样的话你们得到的知识也会更加系统，烘焙领域的咨询内容方向会变得非常明确化。

如果你们每个领域有 10 个以上的老师，即使他们都能做出不错的东西来，但是毕竟每个人的职业经验是不同的，会给出许多不同的建议。到最后你们自己得到的知识体系就会很乱，跟去上课的学生也会有点懵。

所以如果你们觉得我在巧克力领域足够专业的话，我的建议是这样的，我不是一名艺术家，但是我在甜点配方方面可以成为艺术家。如果你们要得到更加专业的糕点建议的话，务必需要一些系统型、固定型的咨询建议。

Q: 世界巧克力大师赛和电视厨艺比赛对选手的征收资格有什么不一样的地方吗?

A: 我来举个例子，中国区的世界巧克力大奖赛比赛选手必须要通过一些中国的其他赛事来进行甄选，我们更多地会考察他们的职业资历。如果晋级到决赛，一旦夺冠的话，他将拥有世界巧克力大师的头衔，这种至高荣誉将可能从此改变他的职业生涯。而电视厨艺比赛，顶多只是给一些媒体的光环以及聚焦，从根本上说，职业比赛和电视比赛是完全不同的比赛领域。

当年我参加巧克力 MOF 比赛的时候，甚至都没有太多媒体的关注，更多的还是职业巧克力师内部的一种认可。想象一下，你在三年的时间里孤独地备赛，然后决赛的时候，有 27 个评审来对你进行评定，而且每 10 年只有 3 次参赛机会。这比赛非常难，因为比赛既有实操部分，又有理论部分。

但是电视比赛，这完全是一种美化了节目效果后的比赛，这比赛可能有一定技术含量，但更多的还是为了宣传这个行业，强调了宣传效果。

Q：中国的巧克力发展相比甜点发展可能还要滞后一些，所以很多年轻的巧克力师都是形单影只，老师能给我们的杂志读者一些寄语或建议吗？

A：我知道巧克力师大部分都是非常孤独地在“战斗”，很多巧克力师都是一个人守一家店，他们要负责店里的所有东西，也没有多少精力做大量的产品。所以我的建议是，把手工巧克力的包装尽可能设计得漂亮一些，巧克力的包装还必须要考虑到温度的因素。通常在店铺里面，巧克力师可以在巧克力产品的旁边再摆上一些冰淇淋，这样的摆放方式非常经典，可以一直沿用，因为光做巧克力产品的话，会有点单调。

我比较欣赏的店面是那种将巧克力、冰淇淋和小糕点摆放在一起的组合，这是一种产品组合营销策略，全年只卖巧克力的话，生意会很难做。但前提是一定要把所有的产品都保存完备。我想一个巧克力师足够做出这些东西了，每一样都不需要太多分量，这样应该可以养活一家店面。店面空间也不要租得太大，这样可以节约成本。

如果这样还不能盈利的话，可以放一些流水线生产的非手工巧克力，有些非手工巧克力产品也是非常棒的。但这类产品不可能成为手工巧克力的主打产品，只能做一些节省成本的策略产品。一个手工巧克力店必须要有好的手工巧[illegible]
[illegible]的品牌印象。

我希望有一天，中国的巧克力师，他们的父母可以很骄傲地对别人说：我孩子是一名巧克力师，虽然这个职业在中国从事的人不多，但是我为他感到骄傲！因为他做的东西很特别也很美味。因为在法国，成为一名巧克力师是非常光荣的一件事，当然这跟法国的文化有关。如果在机场，大家遇到一名巧克力师，那人们会争着为他提行李。

因为法国人觉得巧克力师就如同魔法师一样，所以我非常鼓励中国的巧克力师可以创立自己的手工巧克力品牌。不过请注意，店里永远不能只卖巧克力，必须有巧克力、冰淇淋和小甜点三种组合产品。巧克力匠人的职业之路在中国任重而道远。

I LOVE CHOCOLATE ALL MY LIFE

一生只爱巧克力

巧克力研修课

CHOCOLATE SEMINAR

CHOCOLATE APPRECIATION 巧克力鉴赏

Maker || 王启路　**Photographer** || 刘力畅　**Illustrater** || 夏园

1. 外观

首先应该先从外观来辨别。巧克力的颜色可以从深红褐色到黑棕色，成品的外观要取决于巧克力是倒模成型的，还是手工淋面成形的。倒模成形的巧克力很亮，其他制作情况下的巧克力要暗些。巧克力如果呈黑色，那就是巧克力质量有问题或是制作巧克力的可可豆被烘焙过头了，这样会影响巧克力的口味。

2. 嗅觉

打开包装盒的时候，做一个深呼吸，然后去探寻那迷人的巧克力香气，检查一下是否有优质巧克力的芳香味。优质的巧克力不应该有任何化学物质的味道、椰子味或是过量的甜味，当然也不能有尘土味，因为这意味着巧克力存放太久，或是存放不当而引起变质。

3. 折断

拿到一块巧克力时，在品尝之前先把它掰断，听一下它折断时的声音是否清脆，可可脂的晶体结构赋予了巧克力独特的物理结构，折断时的声音应该是非常干净利落，并且不应该有碎片出现。如果是优质的巧克力，折断后你能看到巧克力层次的厚薄，也可以知道它是双层的还是三层的。

4. 握融

一块巧克力的好坏也可以通过手温来辨别。温度只要接近人体体温，巧克力就会化开。在辨别时，用手握住巧克力，优质的巧克力很容易就会化开，并且散发出诱人的香气。相比之下，劣质的巧克力熔点较高，不易化开，而且没有巧克力独有的香气。如果手握巧克力的时间很长，它还是没有化开，那么这个巧克力里面一定是加了植物油脂。不然，就是你双手的血液循环有问题了。

5. 品尝

把一小块巧克力放在你的舌头上，让它慢慢化开，当巧克力化开后，用舌头在嘴巴里转几圈，让巧克力的香味散布到嘴里的每一处，这样你会更充分地体会到巧克力浓郁的味道，因为所有的品尝信息都可以从口中得到。巧克力是油腻的还是清淡的？有没有沙粒感？是否有烟熏味或烤焦的味道，甜味又如何？在甜味和苦味之间是否保持着很好的平衡？香草、香料运用得是否巧妙？回味是否久长、香浓？同时品尝几种巧克力，在品尝的间隙应喝一口水、冲一下嘴，或者含一片苹果来清洁下口腔。

LOVE THEORY OF CHOCOLATE

巧克力的恋爱理论 **Maker** || 王启路 **Photographer** || 刘力畅

巧克力的调温过程

有时候我们会发现，当化开的巧克力经过冷却重新变成固体时，就不再是硬的而是软的，而且外边没有光泽，吃起来口感也大不如前。这是因为化开巧克力的方法不是完全正确的。巧克力调温就是通过化开巧克力，重新赋予巧克力丝滑的口感、光泽的外表。

那么，什么时候巧克力液体会再次凝固？什么时候可可脂开始结晶呢？虽然不用太科学化，但是必要的了解还是需要的。如果掌握不好，不仅巧克力的表面会一团糟，而且当巧克力断裂时，也会有很多碎屑。所以要想掌握巧克力调温的技法，就必须控制好巧克力分子的结晶，这样才能充分展示自身对巧克力的无穷创造力。

大理石调温法：

1. 将切好的巧克力加热化开，化开的温度不要高于45℃，最好是用低温化开。
2. 将化开好的巧克力倒在大理石上，用铲刀等工具抹开。
3. 用铲刀铲起巧克力，在桌面上来回摩擦混合，不断重复这个动作，充分混合，降温，若是在同一处混合巧克力，大理石上的热度就无法散去，而使巧克力难以降温，所以，在混合时要不断地移动位置。

4. 调至巧克力变冷时，要尽快将巧克力装回容器内，一旦巧克力开始结晶就容易结块，因此，这一步要迅速进行，调好的温度在 28℃ ~29℃。
5. 要时常用手背来碰触巧克力，来确认温度，另一个确认的方式，是观察巧克力温度在下降，开始结晶时是否流动速度变缓，然后将巧克力装回容器后要立即充分搅拌混合，再加热 5 秒后从热水中移开，继续充分搅拌保持不凝固，保持易流动的状态，温度在 31℃ ~32℃。
6. 在铲刀上粘满半面的巧克力，放置 5 分钟 ~6 分钟，若巧克力粘得不够多就无法判断，凝固后有光泽，调温的过程就完成，如果没有就重新调温。

调温图表

巧克力	调和温度	结晶温度	工作温度
黑	45℃ ~50℃	27℃ ~28℃	30℃ ~32℃
白	40℃ ~45℃	25℃ ~26℃	27℃ ~28℃
牛奶	40℃ ~45℃	26℃ ~27℃	29℃ ~30℃

巧克力经常出现的几大现象

巧克力是一种色、香、味俱全的健康休闲食品。如果巧克力存放不当，使用次数较多等，都会使巧克力有不同程度的改变。要想巧克力的品质达到最好的状态，就应该对巧克力中所出现的问题予以解决。

在巧克力里通常会出现以下几点问题：

返砂

有时在制作巧克力或是巧克力经过多次使用后会出现颗粒，而且越用越多，那么颗粒是怎么形成的呢？巧克力经过高温加热或是多次使用而产生的颗粒称之为返砂。

通常有两种情况会使巧克力返砂：

1. 温度：当化开巧克力的温度比较高的时候，巧克力里面的糖就会变成糖浆，继续加热就会变成焦糖，再加热就会返砂，这样在操作或是食用的时候就会出现颗粒，所以应用适合的温度来化开巧克力。

2. 水：当巧克力里面的糖与水接触后就会化开变成糖浆，所以巧克力会变稠，继续加热就会慢慢地变成焦糖，再加热就会返砂，最后就会有颗粒。

当巧克力返砂后，用时要用细的筛子过滤，为了不影响制作产品的味道和口感，最好是把巧克力换掉，这样才能保持巧克力产品香浓柔滑的口感和质量。

变稠：

有两种情况会使巧克力变稠：

1. 水：当巧克力里面的糖与水接触后就会化开变成糖浆，所以巧克力会变稠，这样会影响整体的口感，所以巧克力在制作的时候应尽量避免与水接触。
2. 油脂：在制作巧克力的时候，巧克力里面的油脂就会慢慢流失，因为巧克力里面的油脂会粘在操作的案台或工具上，这样巧克力用过几次就会变稠，要想让巧克力重新恢复最佳的操作状态，就要在变稠的巧克力里加入部分可可脂，调匀就可以恢复，也不会影响操作和口感。

出油：

巧克力长时间处在恒温或高温的情况下就会出油，在用的时候通过调温搅拌均匀即可。

巧克力霜：

有时，在巧克力的表面，可以看到一层灰白色的表层，我们称之为巧克力霜。在巧克力表面通常有两种类型的巧克力霜：

1. 是由可可脂产生的，在某种程度上巧克力所处的环境温度过高，使得可可脂晶体升到表层，冷却后，它们又重新发生结晶。这种情况下，巧克力口感并不受影响，需要的时候，可以通过加热调温来解决这个问题。
2. 是由水产生的，水接触巧克力时产生的糖霜，当巧克力中的糖晶体接近表面，化开在水蒸气中，后来又重新结晶，这个过程破坏了巧克力的质地，使巧克力颜色发灰，有沙粒感，尽管还可以食用，但很难得到消费者的青睐。

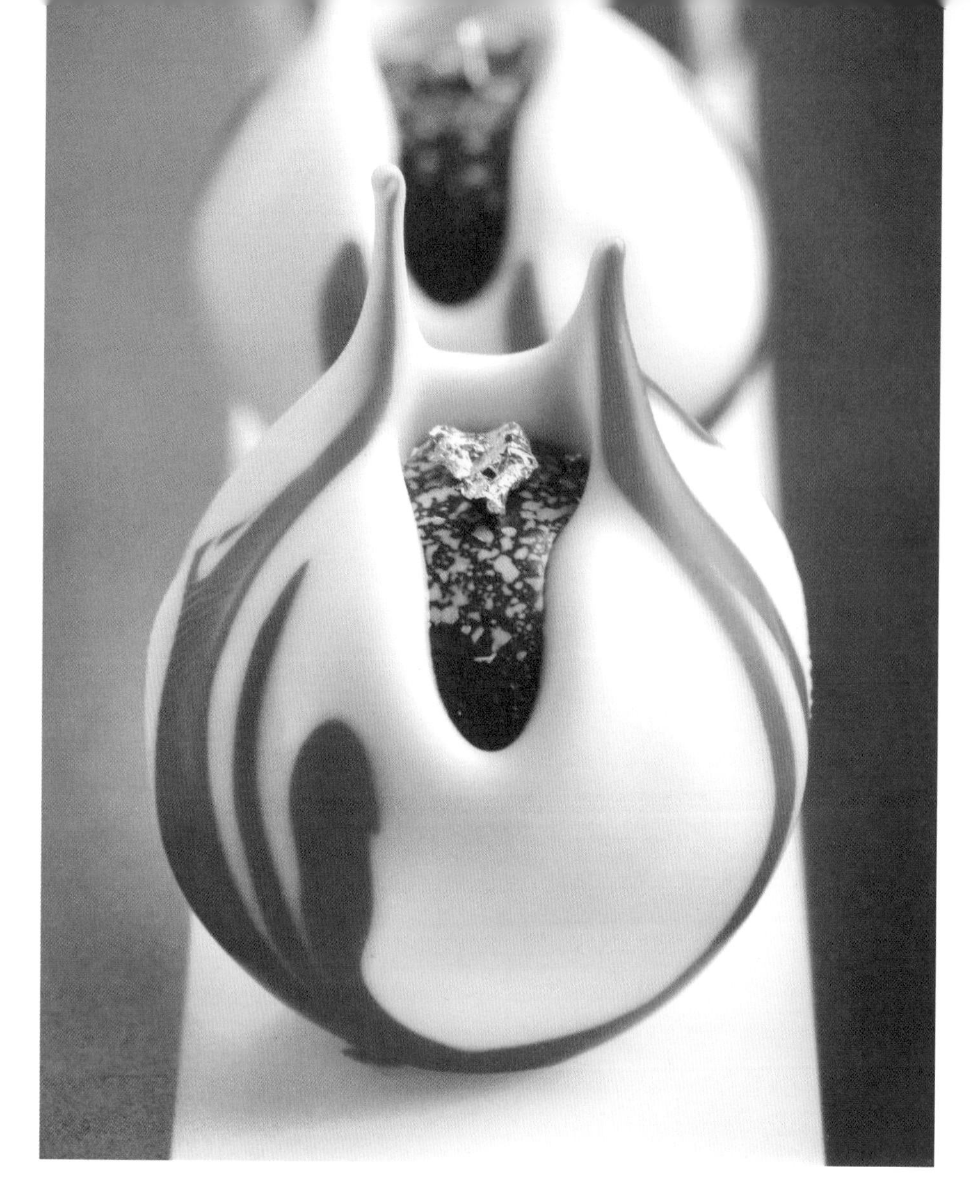

GREEN TEA GANACHE

绿茶甘纳许

Maker || 王启路　　**Photographer** || 刘力畅

（配方可做 50 个左右）

配方：		装饰材料：	
白巧克力	210 克	白巧克力	600 克
可可脂	20 克	脂溶性红色色淀	10 克
抹茶粉	8 克	脂溶性蓝色色淀	10 克
淡奶油	160 克	可可脂	300 克
朗姆酒	10 克	金箔	少许

小贴士：

1. 调温白巧克力的时候可以适当加入一点可可脂，使其流动性更佳。

2. 两种颜色巧克力淋在一起时速度要快，不要让其凝固。

制作过程：

1. 将脂溶性蓝色色淀与可可脂调匀，装入巧克力喷枪里，再喷入模具中，晾干。
2. 将调温好的黑巧克力注入模具中，震匀。
3. 把模具反过来将多余的巧克力倒出，使其成空壳状，然后刮掉多余的巧克力，晾干。
4. 晾干的巧克力空壳要薄，里面要光滑均匀，空壳的厚度在 0.1 厘米 ~0.2 厘米最佳。
5. 将淡奶油煮沸，不要有结块。
6. 加入抹茶粉，搅拌均匀。
7. 将煮好的抹茶过滤。
8. 用橡皮刮刀将绿茶的结块压碎。
9. 加入白巧克力，搅拌均匀。
10. 加入可可脂，搅拌至完全化开，拌匀。
11. 倒入朗姆酒，搅拌均匀。
12. 将甘纳许用均质机搅匀，搅拌的时候注意均质机的角度，不要混入太多的气体。
13. 将制作好的抹茶甘纳许挤入模具中，然后用调温好的黑巧克力封底，晾干。
14. 将铲刀的刀面加热，把半球巧克力的底面放在刀面上稍稍加热化开一点，与另外一个半球巧克力粘在一起。
15. 在调好温的白巧克力内加入脂溶性红色色淀调色。
16. 将巧克力球先粘在纸棒上，淋上调好温的白巧克力。
17. 趁白巧克力没干的时候迅速淋上红色巧克力，让其呈自然的下滴状，然后自然晾干。
18. 取下做好的巧克力成品，在中间位置用金箔装饰即可。

I LOVE CHOCOLATE ALL MY LIFE

一生只爱巧克力

顶级巧克力甜品配方大公开

PUBLICITY OF THE TOP CHOCOLATE DESSERT RECIPE

全麦饼干和核桃做成的底，巧克力做成的面糊，没有杂乱的食材和步骤，简简单单，却是最纯正的蛋糕。

古典巧克力

CLASSIC CHOCOLATE

Maker || 朝田晋平　**Photographer** || 刘力畅

准备：

1. 准备 2 个 6 寸慕斯圈模。
2. 本产品最后需要隔水烤制，所以模具外围事先要用锡纸完全包住，内壁用油纸围一圈防粘。
3. 准备 30℃ ~40℃的热水，倒入烤盘内至 1.5 厘米左右的高度。

底部

配方：

全麦饼干	88 克
培煎核桃	88 克
红糖	32 克
黄油	64 克

制作过程：

1. 全麦饼干弄碎，但不要太碎，约 1 厘米 ×1 厘米大小的块状；再加入红糖、培煎核桃，拌匀。
2. 将黄油加热化开，边倒进“步骤 1”中边搅拌，直到搅拌均匀。
3. 倒入模具中，用压板压平，但不要把饼干和核桃压的太碎，备用。

面糊

配方：

苦甜巧克力	280 克
黄油	140 克
低筋面粉	10 克
可可粉	20 克
蛋白	158 克
幼砂糖	82 克

制作过程：

1. 将苦甜巧克力和黄油用 43℃的热水化开；并将低筋面粉和可可粉混合过筛，备用。
2. 在蛋白中，先加一半的幼砂糖，打至五成发的时候加入剩余的砂糖，打成湿性发泡呈鸡尾状的蛋白霜。
3. 将化开的黄油和巧克力的混合物（40℃左右）倒进粉类混合物中，从中心处开始搅拌，慢慢地向边缘搅拌拌匀。
4. 在“步骤 3”中加入 1/3 的蛋白霜拌匀，再与剩余的蛋白霜拌匀。
5. 倒入准备好的模具中，放入烤盘内（烤盘内倒有热水）。入烤箱以上火 170℃、下火 175℃，开气门烘烤 10 分钟，再将上火调至 150℃，下火不变，开一格炉门继续烘烤 40 分钟 ~50 分钟。
6. 出炉之后用小刀沿着蛋糕外侧与油纸之间划一圈，使蛋糕不再粘到油纸上。（因为烤好之后蛋糕会收缩，如果没有使蛋糕体和油纸分离，蛋糕边缘粘在油纸上不会往下缩，但是中间会往下缩，会形成一个凹形。）再送入冰箱冷藏 2 小时，取出后用火枪加热模具周围，进行脱模。
7. 切块进行装饰即可。

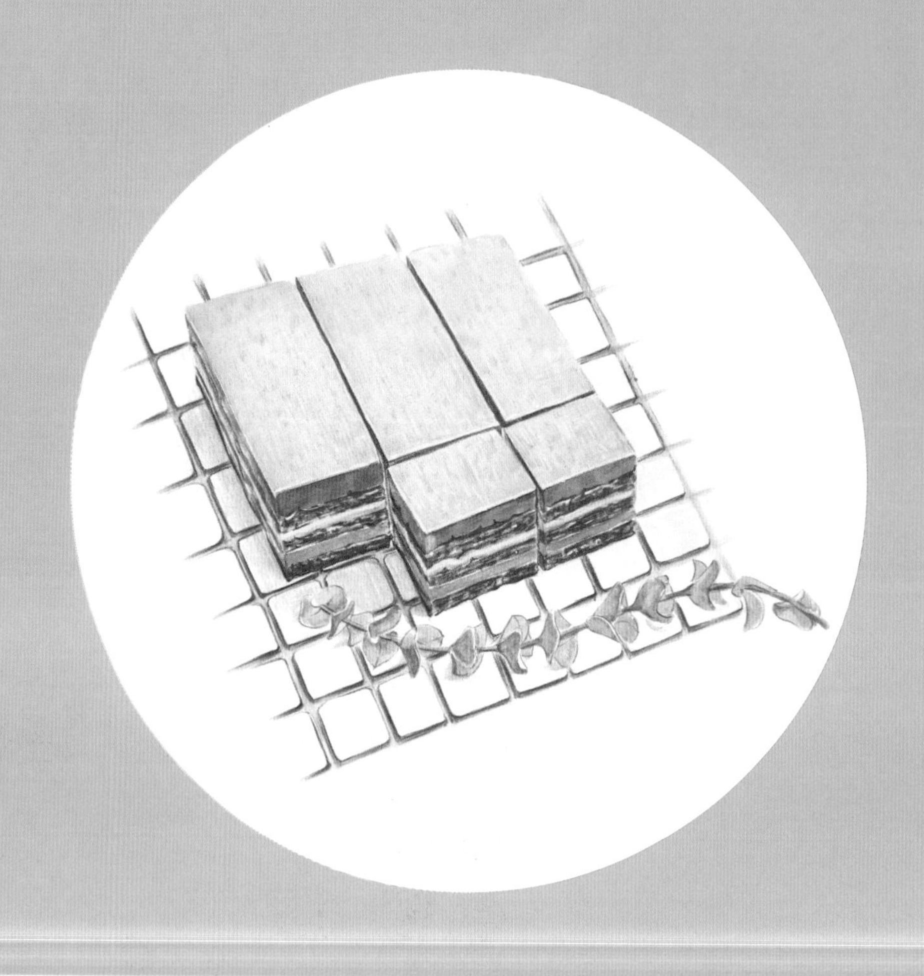

PISTACHIO CHOCOLATE MOUSSE

开心果巧克力慕斯

Maker || 孙奥军　　**Photographer** || 刘力畅　　**Illustrater** || 夏园

出量：2个6寸方形

香浓的开心果酱裹入巧克力慕斯的海洋里，
一口香甜，一口苦涩。

巧克力慕斯

配方：

牛奶	300 克
吉利丁片	12 克
法芙娜 40% 黑巧克力	250 克
法芙娜 66% 黑巧克力	60 克
35% 动物性打发鲜奶油	375 克

准备：

1. 吉利丁片提前用冷水泡软。
2. 将两种巧克力混合，备用。

制作过程：

1. 牛奶煮沸之后加入泡好的吉利丁片，使其充分融合。
2. 把热牛奶混合物倒进巧克力中，静置 10 秒钟之后，用手持料理棒乳化。
3. 冷却到 25℃左右，分 3 次加入打发鲜奶油拌匀即可。

开心果慕斯

配方：

牛奶	250 克
蛋黄	50 克
细砂糖	35 克
吉利丁片	8 克
开心果酱	140 克
打发淡奶油	160 克

制作过程：

1. 将牛奶和细砂糖倒进锅中加热沸腾。
2. 一部分“步骤 1”倒进蛋黄中拌匀，再倒回锅中煮至稠状，加热至 83℃左右，成为英式奶油。
3. 泡好的吉利丁片倒入“步骤 1”中化开拌匀，再倒回到锅中的英式奶油中充分拌匀。
4. 倒入量杯，加入开心果酱，用手持料理棒搅打均匀。
5. 放在冰盆中冷却到 25℃左右，分次倒进打发鲜奶油中混合拌匀。

无粉巧克力饼层

配方：

蛋黄	400 克
蛋白	600 克
细砂糖	550 克
可可粉	175 克

制作过程：

1. 将蛋白和细砂糖一起搅打至具有光泽的山峰状。
2. 边搅拌边加入蛋黄液，拌匀。
3. 边搅拌边加入可可粉，拌匀。
4. 装入装有大号花嘴的裱花袋中，挤入在铺有烤盘纸的烤盘中。
5. 入平炉，以上火 180℃、下火 160℃烘烤 15 分钟左右，出炉冷却之后用模具压出饼底，备用。

组合及装饰

配方：

白巧克力	50 克
可可脂	50 克
巧克力色淀（绿色）	1 克

小贴士：

1. 可可粉过筛，备用。

制作过程：

1. 在模具底部包上保鲜膜，不能有褶皱；烤盘上垫上油纸，放上模具，倒入巧克力慕斯，约三四分满。
2. 盖上切好的无粉巧克力饼底，轻轻地压平，使饼层和浆料紧密粘合到一起。
3. 倒进开心果慕斯约六分满，用抹刀抹平，盖上一层无粉巧克力饼底，送进速冻柜冻硬。
4. 冻硬之后取出倒上约八分满的巧克力慕斯，轻轻地压平，盖上无粉巧克力饼底，送进速冻柜冻硬；在冷冻的同时，做好绿色喷面，将可可脂和白巧克力一起化开，加入色淀用手持料理棒搅打均匀，喷面调温至 45℃使用。
5. 冻硬后取出脱模，在顶部表面喷上绿色喷面，切块装盘即可。

LEMON WHITE CHOCOLATE DESSERT

柠檬白巧克力甜点

Maker || 孙奥军　**Illustrater** || 夏园

出量：长 12 厘米 x 宽 5.5 厘米 x 6 厘米，可出 2 个 ~ 3 个。

单纯如你，也会喜欢那一点一点的清新香甜，
就像白巧克力爱上了柠檬。

柠檬奶油

配方：

柠檬汁	50 克
玉米淀粉	4.5 克
全蛋	50 克
蛋黄	20 克
幼砂糖	55 克
黄油	35 克
吉利丁片	1.3 克
泡吉利丁的水	6.5 克

制作过程：

1. 把柠檬汁倒进锅中加热，全蛋、蛋黄、糖混合拌匀，再加入玉米淀粉，拌匀。
2. 把沸腾后的柠檬汁倒进混合好的蛋黄混合物中混合拌匀，再倒回锅中继续加热至浓稠，在加热的过程中要不停地搅拌，防止煳底。
3. 离火，分次加入软化后的黄油，拌匀；倒入盆中，用保鲜膜包好，冷藏，至完全冷却后使用。

白巧克力片

配方：

白巧克力	100 克

制作过程：

1. 将白巧克力隔水加热至 40℃，搅拌至化开，倒在大理石桌面降温至 26℃，铲回容器中，再次隔水加热至 28℃。
2. 在桌面上铺上一层巧克力塑料纸，倒上适量的巧克力，再盖上一层巧克力塑料纸，用塑料棍抹平，约 0.3 厘米，放置在一边，静置 1 分钟，使巧克力稍微凝结。
3. 借助抹刀和尺子，将巧克力裁成长 12 厘米、宽 6 厘米的长方形，放置在烤盘的背面，顶部再压上一个烤盘，放进冰箱冷冻约 4 分钟，取出后小心揭下塑料纸即可。

HAITI BLACK CHOCOLATE CANDY

海地黑巧克力糖果

Maker || 孙奥军　　**Illustrater** || 夏园

出量：50 个左右

它的外表有多坚硬，内心就有多么柔软，放入口中浅尝，让人觉得很苦很苦，又觉得很甜很甜。

海地黑巧克力甘纳许

配方：

淡奶油	365 克
新鲜黄油	65 克
山梨糖醇液	30 克
香草荚	1 根
葡萄糖	30 克
转化糖	30 克
来自加纳的牛奶巧克力	215 克
来自海地的黑巧克力	350 克

准备：香草荚取籽，备用。

制作过程：

1. 在锅中依次加入淡奶油、新鲜黄油、山梨糖醇液、香草荚、葡萄糖、转化糖中火煮沸。
2. 倒进牛奶巧克力和黑巧克力的混合物中，静置 15 秒，使巧克力吸热，先用搅拌球拌匀，再用橡皮刮刀拌匀，装入裱花袋，温度降至 28℃使用。

组合

配方：

可可脂	100 克
蓝色色淀	适量
黑色色淀	适量
酒精	10 克
铜粉	0.2 克

制作过程：

1. 将可可脂加热至 50℃左右，化开。加入适量的蓝色和黑色色淀，用手持料理棒搅打均匀，倒进巧克力喷枪中。
2. 在巧克力模具中喷上蓝色可可脂，倒入黑巧克力，马上反过来，将里面多余的巧克力倒出去。
3. 在里面挤上适量的海地黑巧克力甘纳许，静置约 5 分钟，使甘纳许表面凝结。倒上黑巧克力，铲掉多余部分。
4. 送进冰箱冷冻 5 分钟，使其凝结。取出，脱模。
5. 将酒精和铜粉混合拌匀，在巧克力糖的表面刷上少量即可。

CHOCOLATE AND HAZELNUT PASTE CAKE

巧克力榛子酱蛋糕

Maker || 孙奥军　**Photographer** || 刘力畅　**Illustrater** || 夏园

出量：3个~4个。

脆饼底和扁桃仁海绵胚夹着黑巧慕斯和纯正榛果酱，一起裹入鹅卵石的外壳里，美在眼中甜在心里。

粗颗粒扁桃仁饼底

配方：

蛋白	40克
细砂糖	30克
糖粉	30克
扁桃仁粉	27克
低筋面粉	11克

制作过程：

1. 将蛋白和一半的细砂糖倒入打蛋桶中，打至湿性发泡之后加入剩余的糖，打至中性发泡。把扁桃仁粉和糖粉、面粉混合过筛。
2. 在打好的蛋白中，边用橡皮刮刀搅拌边加入混合好的粉类材料。
3. 拌匀之后装入裱花袋，挤在烤盘上，抹平。入风炉，以170℃烘烤约16分钟。
4. 烤好之后用椭圆形圈模压出饼底，围上一圈硬的塑料纸，备用。

榛果酱脆饼底

配方：

黄油薄脆片	30克
50% 榛果酱	50克
100% 榛果酱	10克
色拉油	5克

小贴士：

1. 巧克力和混合吉利丁隔热水化开，备用。

制作过程：

1. 将两种材料倒在一起，用橡皮刮刀混合拌匀。

70% 黑巧克力慕斯

配方：

半脱脂牛奶	60克
转化糖	12克
蛋黄	42克
70% 黑巧克力	65克
混合吉利丁	6克
打发淡奶油	70克

制作过程：

1. 将牛奶倒入锅中，加入转化糖，加热至微微有水蒸气升起的状态。
2. 取“步骤1”加入蛋黄中拌匀，再倒回锅中边加热边搅拌，中火煮到85℃左右。
3. 把“步骤2”加入到黑巧克力与吉利丁的混合物中，用手持料理棒打匀，待凉至35℃。
4. 取一半的打发淡奶油与“步骤3”混合均匀，再将剩下的加入，充分地搅拌均匀。

混合吉利丁：

配方：

冷水	10克
吉利丁粉	2克

制作过程：

1. 冷水倒进吉利丁粉中混合拌匀即可。

组合及装饰

配方：

可可脂	50克
白巧克力	50克
灰色色粉	适量

制作过程：

1. 将榛果酱脆饼底倒进围好慕斯围边的粗颗粒扁桃仁饼底上，约0.8厘米厚。
2. 再盖上一层粗颗粒扁桃仁饼底速冻至冻硬。
3. 将黑巧克力慕斯倒进鹅卵石模具中约五分满，然后把冻硬的“步骤2”放进去，轻轻按压，使内部组织更加紧密黏合，送进速冻冰箱冻硬。
4. 将可可脂和白巧克力混合，加热至40℃化开，加入灰色色粉，用手持料理棒搅打均匀。
5. 取出冻硬后的“步骤3”，脱模，放置在网架上。将“步骤4”（约38℃）直接倾倒在慕斯体的表面，形成一个脆脆的外壳。（淋好之后不可以放进冷冻，避免将表面脆壳冻裂）
6. 用抹刀挑到盘中即可。

WALNUT & HAZELNUT PASTE CHOCOLATE BAR

礼物推荐 · 核桃榛子酱巧克力条

Maker || Philippe Bertrand　　**Photographer** || 刘力畅

核桃榛子酱

配方：

水	300 克
幼砂糖	600 克
烤熟的扁桃仁	400 克
风干核桃（生）	266 克
牛奶巧克力	500 克

制作过程：

1. 将幼砂糖和水放入锅中，加热至焦糖化。
2. 加入扁桃仁，用木铲拌匀。
3. 加入风干的生核桃和蜂蜜，拌匀。
4. 倒入铺有硅胶垫的烤盘中，铺平，放在常温下静置冷却。
5. 将“步骤 4”放入粉碎机中，粉碎成泥状，倒入搅拌盆中。
6. 加入化开的牛奶巧克力，混合搅拌均匀即可。

核桃榛子壳

配方：

核桃榛子酱	500 克
牛奶巧克力	120 克
可可脂（化开）	适量
黑色色素	适量

制作过程：

1. 将牛奶巧克力隔水化开，加入核桃榛子酱混合均匀，根据需求添加适量化开的可可脂和黑色色素调节整体的稠稀度和色泽，调温至 25℃ ~28℃，备用。

组 装

配方：

64% 的黑巧克力	适量
可可脂	适量
黑色色素	适量

制作过程：

1. 在模板的一端约 1/5 的地方粘上一道窄边的胶带。
2. 将可可脂和 64% 的黑巧克力按 1:1 的比例混合，隔水化开，加入黑色色素调节下颜色，装入喷枪中，喷在模板上（可以先喷一次，待干后，再喷入一次），放在室温下晾干。
3. 另取适量的 64% 的黑巧克力化开，调温至 28℃，倒入模具中灌一层薄薄的壳。
4. 巧克力稍稍凝固后，撕掉胶带，晾干。
5. 将调好温的核桃榛子壳灌入模具中，成浅浅的一层，待干后，再重复一次“步骤 3”。
6. 将核桃榛子酱装入裱花袋中，挤入模具中至接近模具的高度，放入冰箱中冷冻定型。
7. 取出，再用调好温的黑巧克力封底，入冰箱冷冻成形后脱模即可。

-核桃榛子酱-

1 | 2 | 3 | 4 | 5

-组装-

1 | 2 | 4 | 6 | 7

产品设计单

核桃榛子酱巧克力条

巧克力配方 物料占比（%）		核桃榛子酱 78%	核桃榛子壳 22%	组装	单价	合计
水	克	300			0.000	0.00
幼砂糖	克	600			0.009	5.28
蜂蜜	克	65			0.020	1.30
奶粉	克	33			0.044	1.45
盐之花	克	10			0.500	5.00
烤熟的扁桃仁	克	400			0.070	36.80
风干核桃	克	266			0.092	24.47
牛奶巧克力	克	500	120		0.090	55.80
核桃榛子酱	克		500		0.066	33.00
可可脂	克		适量	适量	–	10.00
黑色素	克		适量	适量	–	10.00
64% 黑巧克力	克			适量	–	10.00
操作工段节点	前中期	切分 熬煮 拌匀 冷凉 粉碎 拌合	化开 拌合 调色 调温			
	后期		调色 喷饰 制壳 灌模 封底 冷冻 脱模 包装			

A. 配方分析

物料总重：2794 克
出品数：56 个
层次：3 层（含装饰）

成本合计：193.104 元 / 批次
单个成本：3.456 元 / 个

总物料：12 种
液态料：2 种
固态料：9 种
粉　料：1 种
共用料：3 种

B. 物料分析

数量：配方共用 9 种物料，其中共用原料 3 种，原料均便于保存。

特殊物料：盐之花是较为昂贵和特殊的物料。

成本：各物料单价及使用量均在同一水平，所以成本可变动范围不大。可考虑使用普通食盐代替盐之花，以降低原料成本。

季节性：原物料受季节性影响不显著。

物料规格：色素平时用量较少，建议少量备货。

易处理性：称量后大都需进行预处理加工才可使用。

颜色稳定性：使用黑色素增强产品外观颜色。

商用改良：直接购买现成榛果酱组装销售，降低生产端成本投入。可在配方中增加食品添加剂，以延长产品保质期。

C. 工艺分析	
产能 & 优化	· 配方三层次（榛子酱、核桃榛子壳、外饰）中，外层装饰与核桃酱内馅制作所用时间相对较长； · 核桃酱物料固态提前集中进行预粉碎；液料糖浆预先大批量熬制；蜂蜜核桃混合，制成半成品； · 组装环节制壳完成后，宜放于低温环境加速外壳，在冷加工间进行操作为宜 · 将制作完成的半成品（未脱模）冷冻保存，根据叫货量出货。
边角料再应用	· 喷饰未用完物料保存在盒中重复利用或制作其它蛋糕表层喷饰。
续产能力	与库存量多少有关，如不做库存备货，则无续产能力。
场地需求	需制冷及操作场地，适合工厂制备储存半成品，脱模后运输至门店进行喷饰与二次加工。
工序节点	约 18 个【含后期装饰】。
可复制性	特殊物料少，易于复制及生产，对于连锁店面生产，适于做成现制品，也适合作为巧克力礼盒使用。

D. 产品设计	
类别	巧克力
风格特征	表层光泽黝黑，内部层次结构分明，整体形状给人以广阔联想。
口味描述	甜中带咸，以巧克力焦糖为主，另有榛子、核桃、扁桃仁的坚果香味。软硬结合，外层脆硬，内馅松软香甜。
建议价格	高级甜品店 15 元 / 条至 20 元 / 条；85 元 / 盒至 95 元 / 盒 (5 条装)；170 元 / 盒至 190 元 / 盒 (10 条装)。普通烘焙店 18 元至 23 元。
储存条件	室温为 12℃ ~18℃的阴凉干燥环境。
产品规格	长 x 宽 76 毫米 x17 毫米 约 50 克 / 个。
适宜包装	巧克力精品包装盒。

E. 市场营销	
目标顾客	一线城市青少年 8 岁至 40 岁间。
主题	情人
售卖形式	线上线下共同售卖。
展柜位置搭配	产品颜色鲜明，易放在展柜显眼位置。
推广活动	情人节期间男女购买一款送指定礼品饰件。
	微信官网线上产品信息推广。
	地推客户走访医院 / 学校等。
	店面周边写字楼发送免费体验券。

ROMANTIC
Tea Time
浪漫下午茶

百乐餐
POTLUCK PARTY

CAFE &
GATEAUX

百乐餐

生活中苦辣酸甜人皆有，

但如果将它们在集体中分担开来，

苦的那部分就会减少，甜的那部分就会增加双倍，

这是“百乐餐”所独有的奇妙定理。

“吃”的意义，

不仅是满足味蕾与身心，

更重要的是一起分享的乐趣。

拥有这群朋友，是迄今为止我赚过的最大财富。

而拥有创造美食的手艺，也是我最为骄傲的能力。

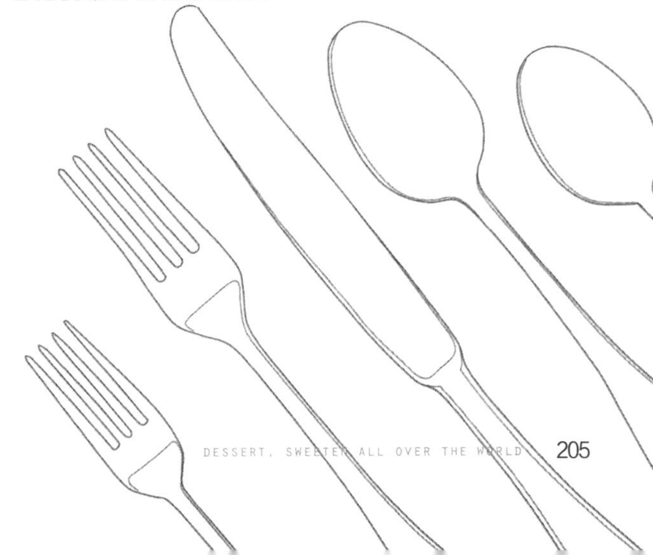

POTLUCK PARTY

百乐餐

文字 || 邹凡　**摄影** || 刘力畅　**插画** || 夏园

餐具提供 || 天津君同钢模注塑工业有限公司

如果说，

Christmas Party 是肆无忌惮的全民狂欢；

Birthday Party 是众星捧月般的热闹；

Dinner Party 是源于宴会主人的热情与豪奢；

Garden Party 是文艺浪漫的后花园活动；

Welcoming Party 是某某热烈的新篇章……

那么 Potluck Party，

就是亲密而无拘束的自由之宴，它给予每个人独立的空间和自由选择的权利，让整体氛围在若即若离的关系中逐渐融洽，任人来去的环境，不那么热烈，却很安全。你知道自己就在这个圈子里，没有冷落和差异，很舒适。

作为中国人，参加美式 POTLUCK，带什么菜好呢？

文字 || 邹凡　　**摄影** || 刘力畅

“我最常带的就是炸春卷了，尽管我在国内一年到头做不了几回春卷，在美国，春卷似乎成了中国菜的名片。我的春卷用红萝卜丝、粉条、香菜码齐做馅，炸得酥酥的，咬开一看，里面红是红，白是白，绿是绿，颜色十分养眼。春卷皮从哪里来？中国店就有卖的，一包大约有二十几张。有时候我也包豆沙馅的春卷，但是相比之下，老美似乎更喜欢吃素的春卷。”
——@Anne

“我曾见过 Lisa 给 Potluck 现场做了一道独特的菜。她从包里拿出薯片、酸奶和几个樱桃，每个薯片上舀一勺酸奶，再点缀一个红樱桃。这样的饭后甜点，既漂亮，又营养美味，也很好做，用的就是一点巧妙的心思。”
——@Carrie

“还有一种更方便的菜就是拌凉面，不用起火，电饭锅就可以搞定。买一包意大利通心粉，清水煮开捞出来晾凉，黄瓜切丝，加各种调料一起拌匀。如果放点芝麻酱味道会更好，可惜美国芝麻酱很少见，也可以用 skippy（中文译为四季宝）的花生酱来代替，同样可以提味不少。我还做过香肠炒年糕，也是我在国内很少吃的东西，拿出去哄老外。”
——@Eva

“老美喜欢做带 Cheese（乳酪）的菜品，也喜欢烤点心。通常 Potluck 的菜谱如下：生菜沙拉、寿司、奶油土豆泥、意大利通心面、披萨、乳酪焗烩饭、手工饼干或蛋糕，被称作 Punch 的一种混合果汁饮料放在敞口大盆里随便舀着喝。”
——@Hebe

JOIN POTLUCK

我们要注意什么?

大多数的食物由客人们一起来准备，主人家需要耗费的工夫自然少很多，要让整场聚餐会看起来更用心呈现和更有气氛。

作为主人家，一定要负责好下面几件事：

1. 确定聚会的主题，布置风格。
2. 发出邀请，手工的纸质邀请函会让 Potluck Party 更让人期待，客人们也自然会在菜肴的准备上更用心。
3. 确认出席人数，以及将客人准备的菜肴归类，确保从头盘开胃小吃到最后的甜品都有。告知客人需要准备的菜量，要照顾到每个客人。
4. 准备好食器、餐巾和饮品。如果客人当中有很会做饮品的，或者实在不会做菜的，那么可以拜托他们负责饮品这一块。
5. 可以现场制作花艺。
6. 准备一道菜。客人都有准备，作为主人家自然也应该守规矩，如果时间不多，料理一道餐前小吃也是可以的。
7. 选定场地。如果打算举办野餐会之类的，需要提前选好场地。

作为客人，参加 Potluck Party：

1. 不要带一些到现场后还要很长时间或者很多工具来加工的菜肴，除非已经和主人家沟通。
2. 不要带一些一看就知道没有用心准备的菜肴。可以是很简单的菜式，但最好不要是在外购买的。
3. 不要让聚餐会上出现同样的菜肴。这一点需要主人家沟通安排好，否则两道同样的菜出现，一道受欢迎，另一道被冷落，那么很可能会出现不愉快哦。
4. 不要吃饱了就坐着不动，这样的聚餐会用到很多餐具，饭后大家要一起商量洗碗重任如何分担，不要全部都堆给主人家去做。
5. 要向主人家了解清楚多少人出席，准备相应的菜量，不要太过精致，导致有的客人吃不饱。

百乐餐

Potluck 这种派对方式最早出现在 16 世纪的英格兰，到了 19 世纪末 20 世纪初，开始在美国流行起来，现在依然是美国尤其欢迎的一种聚餐模式——受邀请的客人自带一款亲自烹调的食物到场与大家一同分享，这样，一来可以品尝到尽可能多的美味，让餐桌变得丰盛，二来还能够帮助减少主人家的花销和准备时间，客人也变得更有参与感了。

Potluck 这种自带饭菜的方式可以套用在任何类型的饭局中，从最小资的野餐会、早午餐到正式的晚宴都适用，而且说不定还能趁机偷师一下别人的料理秘笈。

SHARE

分享百乐滋味 POTLUCK TASTE

百乐餐是场食物的盛宴，包容万千，承载万千。

从小时候爱吃的炸春卷，到淋上汤汁的牛排；

从散发清香的桂花酥，到层次分明的拿破仑；

从下饭最爱的宫爆鸡丁，到醇香浓郁的芝士焗饭。每一道美食，包含经历，饱含心意。

想为你下厨做这道菜，想为你烤一盘柔软的面包，想与你一起共享美味。是我想告诉你，我多么希望我的人生，失意或喜悦，都有你的参与和陪伴。

百乐餐所蕴含的，是丰富的味蕾体验，以及多不可数的快乐。你有多久没认真吃过一顿饭了？或者说，你有多久没有和家人、朋友一起分享这份快乐了？

就告别那些独自下厨的日子，独自点外卖的日子，独自敷衍午餐的日子，带上你用心烹饪的美味，来一起分享，一起传递这可口的滋味吧！

STAR MACARON

星空马卡龙

Maker|| 孙奥军　**文字** || 孙奥军　**摄影** || 刘力畅

紫罗兰黑加仑马卡龙面糊

配方：

TPT 扁桃仁粉 50% （糖粉 : 扁桃仁粉 =1:1）	647 克
蛋白	119 克
水	81 克
砂糖	324 克
蛋白	119 克
草莓红色色粉	1 克
闪耀黑色色素	1 克

制作过程：

1. 水和砂糖一起煮到 118℃，在煮糖浆的同时打发蛋白，然后将煮好的糖浆冲进蛋白中，制成意式蛋白霜。
2. 将另一份的蛋白和 TPT 粉与草莓红色色粉、闪耀黑色色素混合，充分拌匀。
3. 分三次将蛋白霜与面糊拌匀，拌到非常的顺滑（不能搅拌太长时间）。
4. 将一个裱花袋剪开，在表面挤上黑色、棕色、蓝色、紫色、灰色色膏，然后用牙签抹匀，倒上面糊，包裹起来，做成一个细裱，再套进装有 10 号圆花嘴的裱花袋中。
5. 用圆花嘴挤在烤盘中，用 160℃烘烤 15 分钟（具体时间根据状态而定）。

黑加仑马卡龙内馅

配方：

勃艮第黑加仑果茸	390 克
酸樱桃果茸	39 克
砂糖	117 克
葡萄糖浆	117 克
NH 果胶	12 克
紫罗兰香精（香法露）	4 克
新鲜黄油	127 克

制作过程：

1. 将勃艮第黑加仑果蓉、酸樱桃果蓉和葡萄糖浆一起煮到 40℃。
2. 加入砂糖和 NH 果胶的混合物，煮到 103℃（煮开之后再煮一分钟就可以了）。
3. 离火加入新鲜黄油，搅拌至完全化开。
4. 加入紫罗兰香精，充分拌匀之后，包上保鲜膜冷藏（最好提前一天做好放入冰箱冷藏，第二天使用）。

ストロベリータワー

草莓塔

Maker || 中村勇　**文字** || 陈玲华　**插画** || 夏园

草莓塔

卡仕达馅料

配方：

牛奶	1000 克
蛋黄	5 个
砂糖	200 克
低筋面粉	30 克
玉米淀粉	35 克
香草荚	1 根

制作过程：

1. 将香草荚切开，将香草籽与香草荚一起放入牛奶中，煮开，加入一部分砂糖。
2. 在蛋黄中加入另一部分砂糖，打至发白，然后加入过筛的粉类拌匀。
3. 将牛奶过筛冲入蛋黄糊中，拌匀，直火收稠。
4. 将煮制完成的馅料倒入烤盘内。
5. 在表面刷上一些黄油，冷却备用。

甜面团及组装

配方：

面粉	500 克
砂糖	250 克
黄油	250 克
鸡蛋	2~3 个
香草精	适量
草莓	适量

制作过程：

1. 将面粉过筛后做成粉墙状，加入黄油。
2. 加入砂糖，拌软。再加入鸡蛋、香草精、面粉，混合均匀。
3. 用手将面团搓 2 次，将其搓均匀。放入冰箱内冷藏 2 小时左右。
4. 取出将其擀开至 3 毫米厚。
5. 用大号的圆压膜将其压出形状，放入塔模内，将边缘的面皮清理一下。
6. 松弛后放入烤箱内烘烤，以上下火 170℃ /170℃烘烤大约 20 分钟。
7. 出炉完全冷却后，挤上卡仕达馅料，撒上糖粉。
8. 在表面用草莓进行装饰。

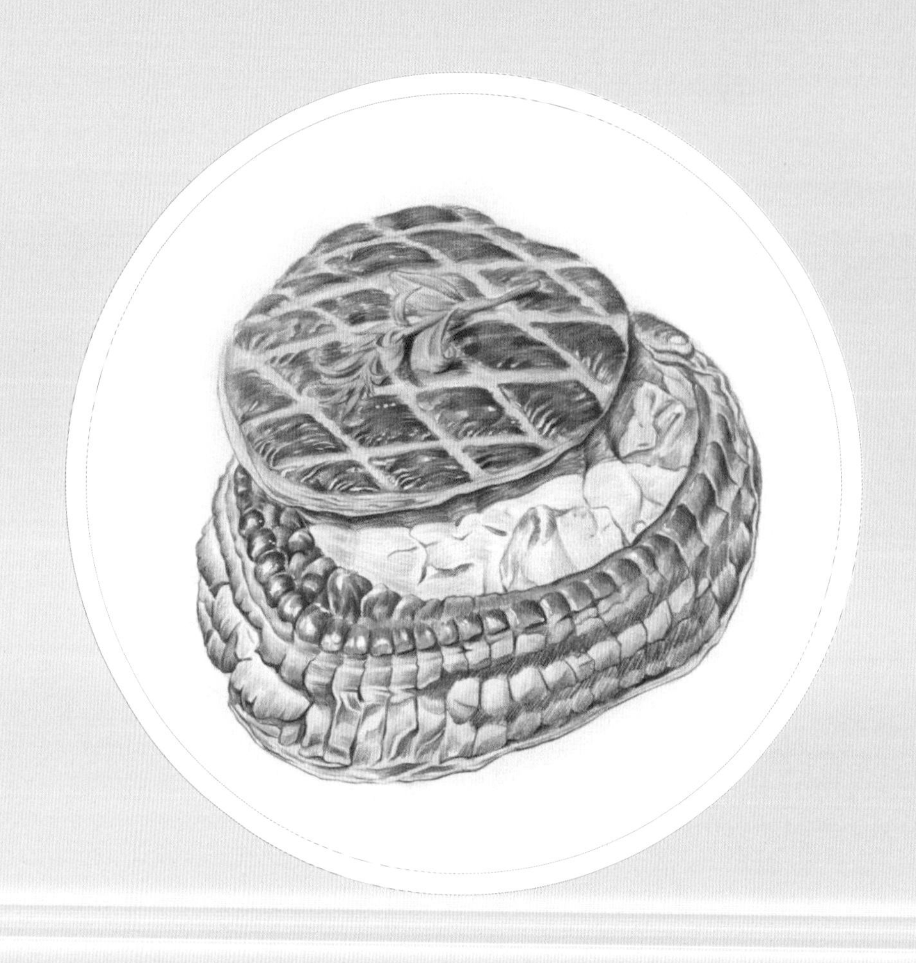

風になびきます

在风中飞舞

Maker || 中村勇　**文字** || 陈玲华　**插画** || 夏园

法式千层面团

折叠派皮：3 折 4 次

配方：

黄油	400 克
高筋面粉	125 克
低筋面粉	250 克
高筋面粉	250 克
盐	10 克
水	175 克
蛋黄	2 个

制作过程：

1. 将 125 克高筋面粉、低筋面粉过筛后放入面缸中。
2. 加入盐、水、蛋黄搅拌成光滑的面团，松弛 1 小时备用。
3. 将黄油先软化，加入 250 克高筋面粉，搅拌均匀，整成四方形备用。
4. 将油酥擀成长方形，面团擀成长方形，面团面积是油酥面积的 2/3。
5. 将面团放在油酥的面，然后包起来。
6. 擀成长方形，将面皮以 3 折 4 次的方法折叠。
7. 每次擀压折叠的时候必须放入冰箱内冷冻松弛。
8. 将面皮擀压至 4 毫米厚，备用。

塔巴斯哥酱料

配方：

洋葱	300 克	玉米罐头	1/2 罐头
黄油	适量	红酒	70 毫升
月桂叶	适量	盐	7 克
鸡肉碎	50 克	辣椒粉	10 克
牛肉碎	150 克	卡宴辣椒粉	3 克
高筋面粉	20 克	黑胡椒粉	3 克
		味精	适量

制作过程：

1. 将洋葱去皮切碎备用。
2. 铜锅加入黄油，烧开加入洋葱、月桂叶。
3. 加入牛肉碎、鸡肉碎，炒一下。
4. 加入过滤水的玉米粒，翻炒。
5. 加入辣椒粉、卡宴辣椒粉、盐、味精，调味。
6. 加入黑胡椒粉，再加入红酒。
7. 加入过筛的高筋面粉，离火拌匀。
8. 包上铝箔纸，冷藏。

主馅料及最后组装：

配方：

牛奶	1000 克
低筋面粉	120 克
黄油	100 克
鲜奶油	100 克
蛋黄	2 个
牛肉	200 克
蘑菇	100 克
红酒	适量
鸡浓汤宝	适量
盐、胡椒碎	适量

制作过程：

1. 将黄油放入锅中煮沸。
2. 分次少量加入过筛的低筋面粉，边煮边搅拌均匀。
3. 慢慢加入牛奶，边煮边搅拌至与牛奶完全融合。
4. 加入淡奶油，煮至沸腾。
5. 取适量的糊状与鸡浓汤宝混合均匀。
6. 加入少量的盐和胡椒碎调味。
7. 将牛肉切成 2 厘米左右的正方形，将蘑菇切片备用。
8. 将黄油放入锅内煮沸，加入备用的蘑菇炒熟。
9. 将黄油放入锅中煮沸，加入牛肉粒炒熟。
10. 加入红酒炒均匀，加入盐、胡椒碎，调味。
11. 将炒熟的蘑菇和白酱汁充分拌匀，备用。
12. 取出法式面团，擀压出圆片，厚度为 1.5 厘米左右，用 6 寸圈模压出来。
13. 表面刷蛋黄液，用 4 寸圆形压模压一个圈，中间划十字口。
14. 周边切口（防止边缘切口不平整和防止收缩）。
15. 将烤出来的轻舞飞扬的中间圆形部分取出，盖上派皮，表面刷蛋液，用竹签划出痕迹。入炉以 200℃烘烤 25 分钟至熟。
16. 中间倒入塔巴斯哥酱料。

VELVET CHOCOLATE TART

雪绒巧克力塔

Maker || 孙奥军　　**摄影** || 刘力畅

雪绒巧克力塔在线视频

更多信息请关注微信号：yazhouxidian

巧克力甜酥面团

配方：

黄油	205 克
糖粉	155 克
精盐	3 克
扁桃仁粉	50 克
T55 面粉	380 克
可可粉	25 克
全蛋	90 克

制作过程：

1. 将糖粉、精盐、扁桃仁粉、T55 面粉、可可粉倒进桶中慢速搅拌均匀。
2. 加入切成丁的冷黄油，搅拌成沙状。
3. 边搅边倒入全蛋液，搅拌成团，取出，包上保鲜膜，冰箱冷藏一夜。
4. 取出擀成 0.3 厘米厚。
5. 圈模内侧稍微喷点烤盘油，将裁好的面团贴进模具中，用小刀裁掉上面多余的部分，放入冷藏 20 分钟，再用风炉以 160℃烘烤 10 分钟，取出后待凉使用。

栗子扁桃仁奶油

配方：

黄油	75 克
糖粉	75 克
扁桃仁粉	75 克
吉士粉	7 克
全蛋	55 克
动物脂奶油	85 克
栗子馅	30 克

制作过程：

1. 栗子馅微波炉加热稍微软化，与动物脂奶油搅拌均匀。
2. 软化的黄油中加入糖粉拌匀。
3. 然后加入扁桃仁粉和吉士粉拌匀。
4. 再加入全蛋液搅拌均匀，加入栗子馅和动物脂奶油的混合物拌匀挤入到烤好的塔底中。
5. 入炉以上火 175℃、下火 160℃烘烤 25 分钟左右，出炉后待凉。

巧克力奶油

配方：

动物脂奶油	150 克
全脂牛奶	120 克
香草	半根
蛋黄	45 克
幼砂糖	50 克
66% 黑巧克力	180 克

制作过程：

1. 动物脂奶油、全脂牛奶、香草一起加热煮沸。
2. 蛋黄和幼砂糖一起混合均匀，把“步骤 1”的一部分加入到蛋黄混合物中拌匀，然后再倒回锅中煮到 83℃。
3. 分次加入到巧克力中，使巧克力充分地乳化，再用均质机打匀。
4. 倒进烤好待凉的塔中，放入冷藏静置，使表面凝结，即可在表面装饰。